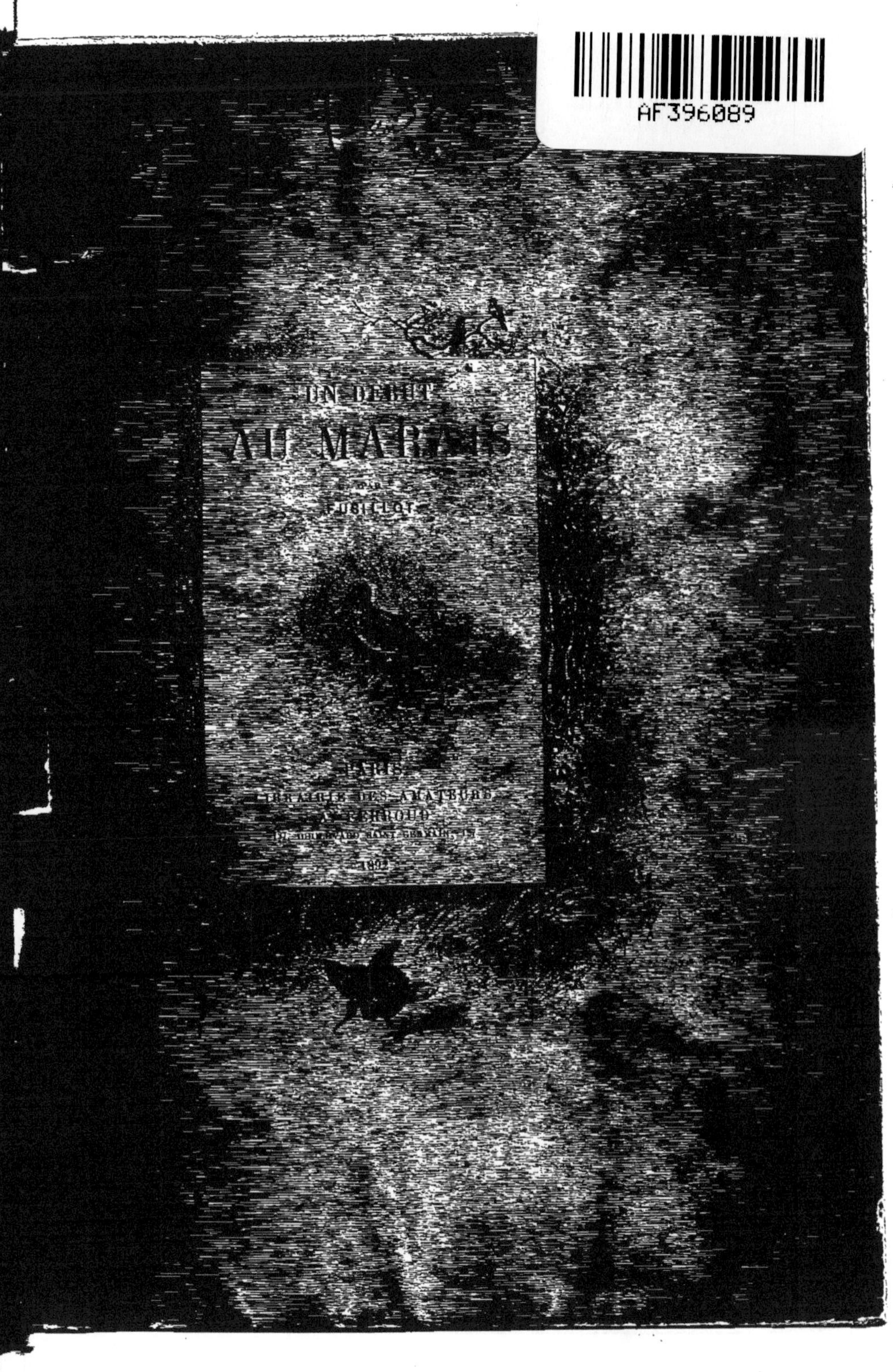

UN DÉBIT
AU MARAIS
PAR
FEUILLET
PARIS
LIBRAIRIE DES AMATEURS
A. FERROUD
127, BOULEVARD SAINT-GERMAIN, 127
1892

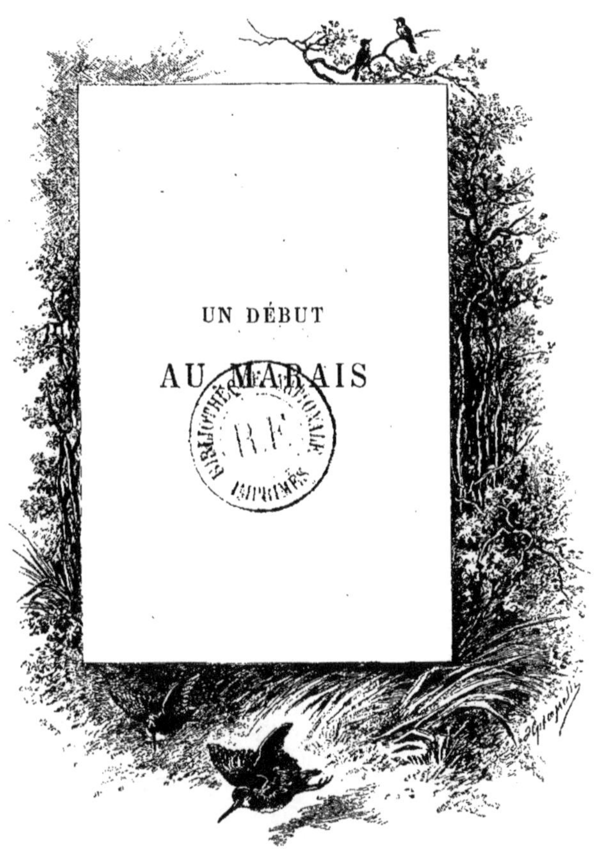

UN DÉBUT

AU MARAIS

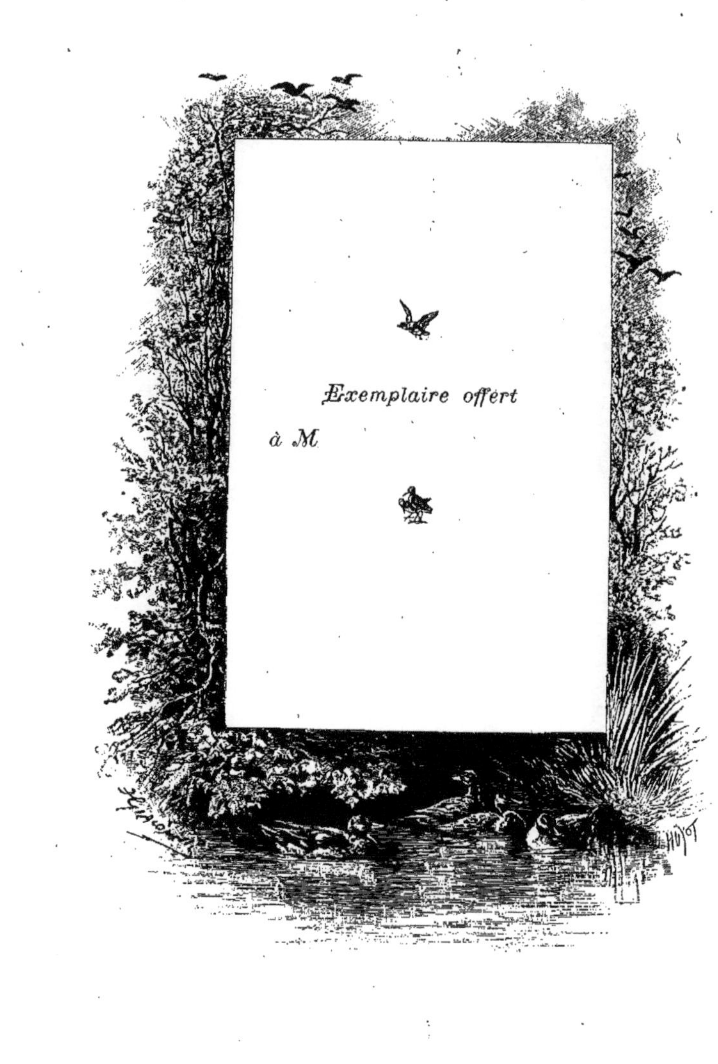

Exemplaire offert
à M.

UN DÉBUT
AU MARAIS
PAR
FUSILLOT
PARIS
A. FERROUD, ÉDITEUR
1892

I

LE CHATEAU DE SALLENEL

Tous les automnes, j'étais sollicité
par d'aimables châtelains, habitant
les environs de Pont-Audemer, à
aller faire chez eux le coup de fusil
sur la bécassine. La bécassine !...
Au temps déjà lointain dont j'évoque
le souvenir, ce gibier charmant, ce
gibier exquis — un mythe aujourd'hui

— fréquentait encore assidûment ces parages.

Entraîné par ma passion de chasse, mais plus encore, je crois, par celle d'un mien parent tout à fait enragé, malgré ses soixante ans, quand il s'agissait de faire babiller *mamz'elle* la Poudre, un beau matin du mois d'octobre 186..., je me trouvai à la gare Saint-Lazare montant dans le train de Cherbourg avec force munitions.

Notre hôte avait la réputation d'un maître original. Son horreur pour la chasse au marais — sa passion première — n'était égalée que par son mépris pour la vie mondaine, qu'il ignorait. Enfant de la lande, il vivait toute l'année en *gentleman farmer* sur sa bruyère, pays sauvage que je n'ai fait qu'entrevoir, mais dont j'ai rapporté, sinon le meilleur,

du moins le plus saisissant des souvenirs.

Sept heures sonnaient à l'église du
village, comme nous nous arrêtions
devant le perron du château. Malgré
l'obscurité, le baron de N.... notre
hôte, arpentait de long en large sa
cour d'honneur en nous « espérant ».
Quelle impatience ! Pensez donc,
quand on a eu l'honneur d'être baptisé dans l'intimité du nom de *Monsieur Chronomètre* et qu'on se plaît à
appeler sa femme *Madame Pendule*,
faillir dîner cinq minutes en retard !
Voir sa vie sur le point d'être ainsi
bouleversée !

Inutile de vous dire que l'exactitude
était sa marotte. Marotte pour ma-

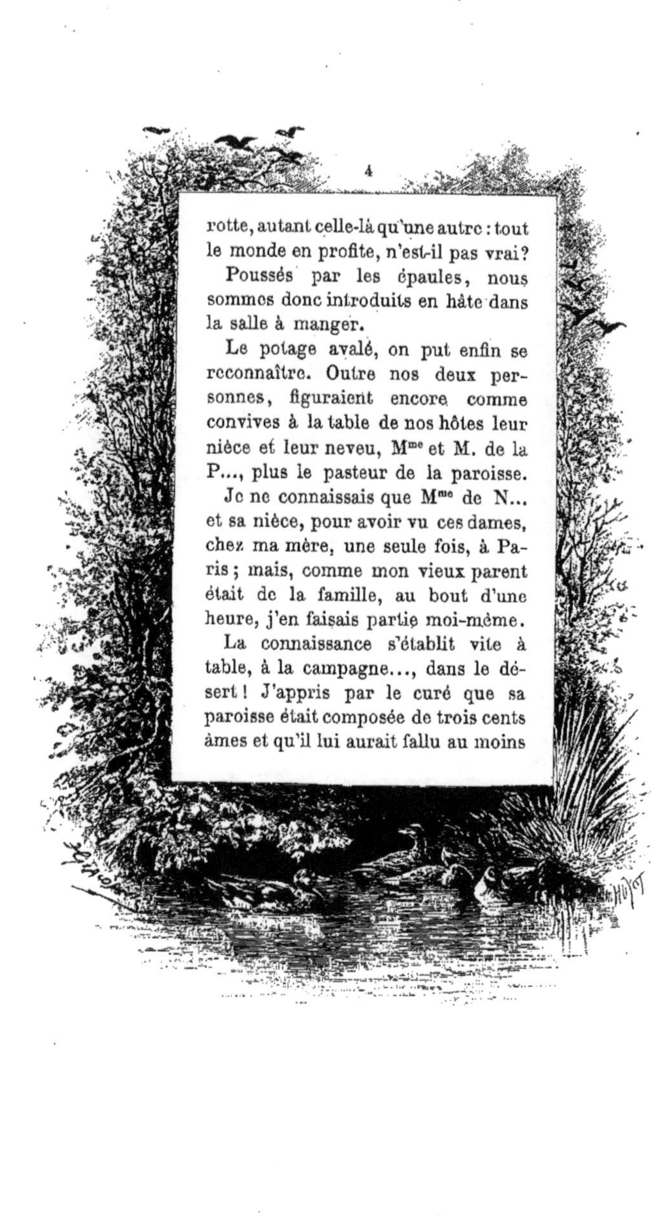

rotte, autant celle-là qu'une autre : tout le monde en profite, n'est-il pas vrai?

Poussés par les épaules, nous sommes donc introduits en hâte dans la salle à manger.

Le potage avalé, on put enfin se reconnaître. Outre nos deux personnes, figuraient encore comme convives à la table de nos hôtes leur nièce et leur neveu, Mme et M. de la P..., plus le pasteur de la paroisse.

Je ne connaissais que Mme de N... et sa nièce, pour avoir vu ces dames, chez ma mère, une seule fois, à Paris ; mais, comme mon vieux parent était de la famille, au bout d'une heure, j'en faisais partie moi-même.

La connaissance s'établit vite à table, à la campagne..., dans le désert ! J'appris par le curé que sa paroisse était composée de trois cents âmes et qu'il lui aurait fallu au moins

deux jours de marche forcée pour
faire le tour de son territoire ; que la
maison commune — la mairie — était
le vestibule de l'habitation même où
nous nous trouvions — le baron de
N... étant maire ; — que sur les trois
cents habitants, deux cents avaient
la fièvre, si bien que ses émoluments
et son casuel passaient en achats de
sulfate de quinine !

Sapristoche, dans quel pays étais-je
tombé !

Tout cela m'inquiétait peu. J'étais
venu pour chasser la bécassine :
pourvu que le passage fût bon, je me
moquais du reste !

Aussi, dès que nous eûmes allumé

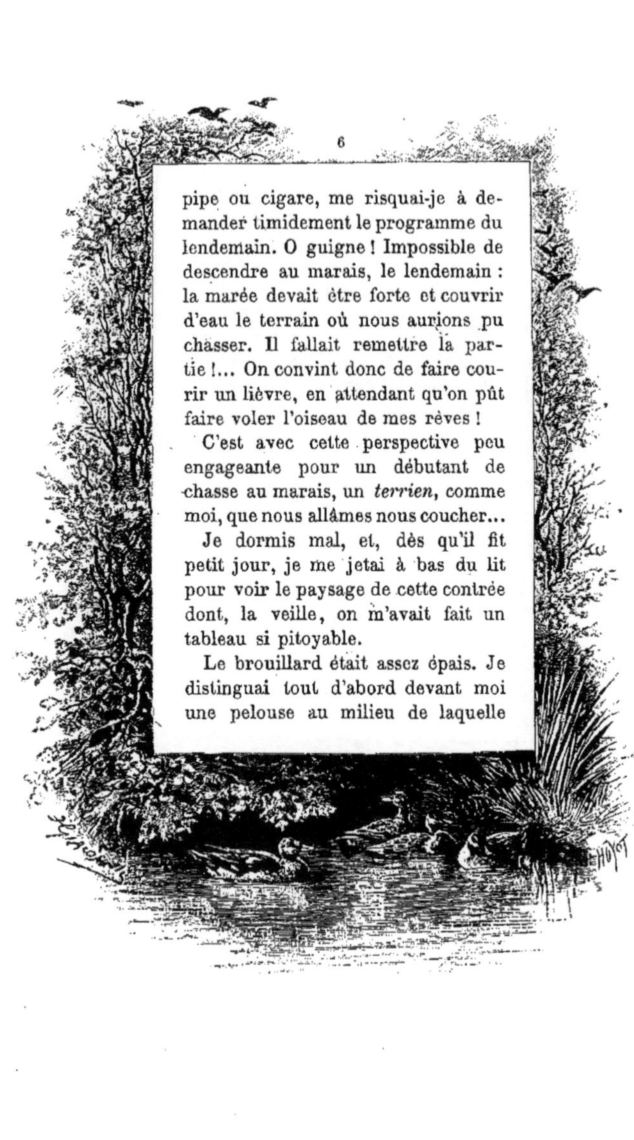

pipe ou cigare, me risquai-je à de-
mander timidement le programme du
lendemain. O guigne ! Impossible de
descendre au marais, le lendemain :
la marée devait être forte et couvrir
d'eau le terrain où nous aurions pu
chasser. Il fallait remettre la partie !... On convint donc de faire courir un lièvre, en attendant qu'on pût
faire voler l'oiseau de mes rêves !

C'est avec cette perspective peu
engageante pour un débutant de
chasse au marais, un *terrien*, comme
moi, que nous allâmes nous coucher...

Je dormis mal, et, dès qu'il fit
petit jour, je me jetai à bas du lit
pour voir le paysage de cette contrée
dont, la veille, on m'avait fait un
tableau si pitoyable.

Le brouillard était assez épais. Je
distinguai tout d'abord devant moi
une pelouse au milieu de laquelle

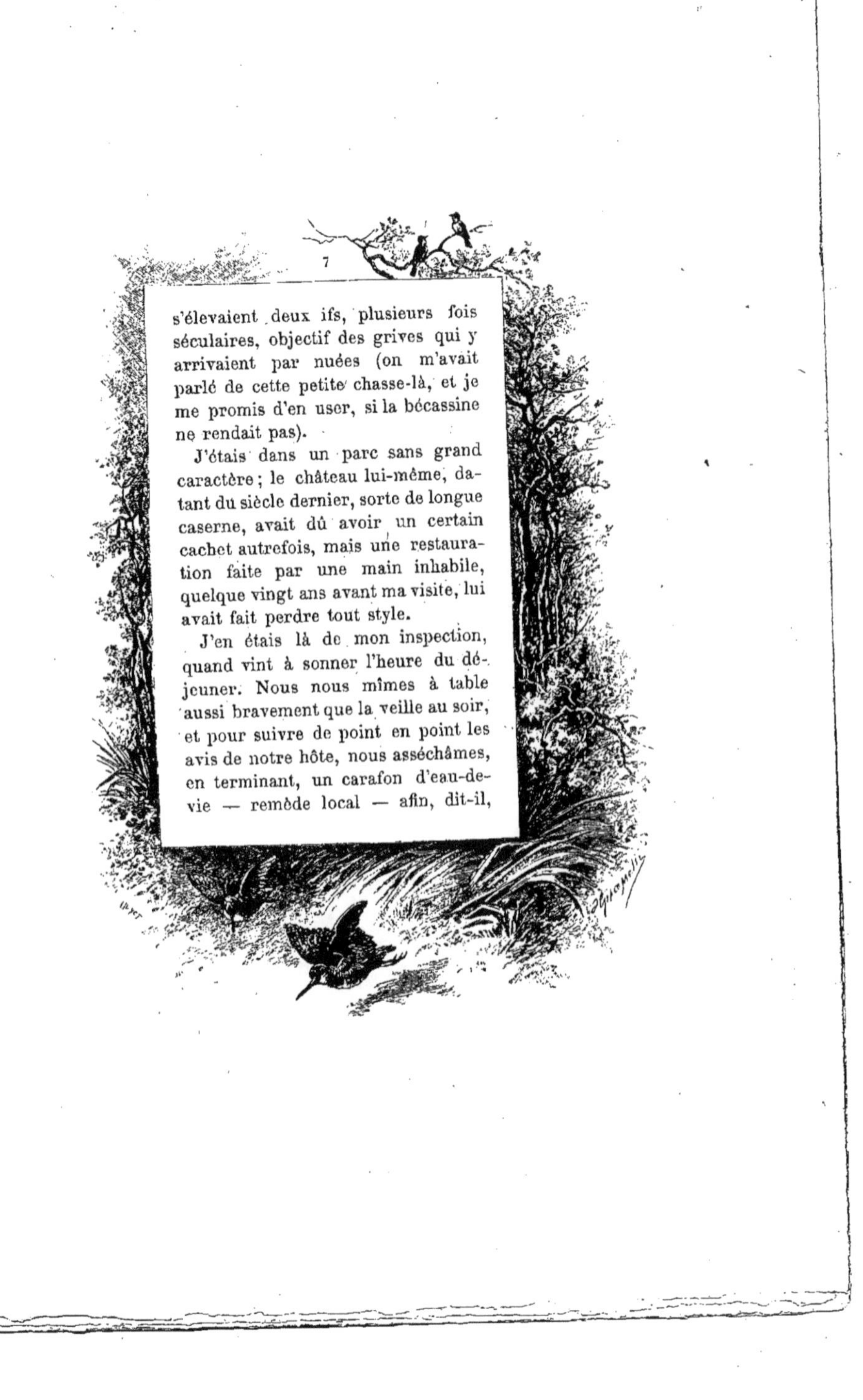

s'élevaient deux ifs, plusieurs fois
séculaires, objectif des grives qui y
arrivaient par nuées (on m'avait
parlé de cette petite chasse-là, et je
me promis d'en user, si la bécassine
ne rendait pas).

J'étais dans un parc sans grand
caractère ; le château lui-même, da-
tant du siècle dernier, sorte de longue
caserne, avait dû avoir un certain
cachet autrefois, mais une restaura-
tion faite par une main inhabile,
quelque vingt ans avant ma visite, lui
avait fait perdre tout style.

J'en étais là de mon inspection,
quand vint à sonner l'heure du déjeuner. Nous nous mîmes à table
aussi bravement que la veille au soir,
et pour suivre de point en point les
avis de notre hôte, nous asséchâmes,
en terminant, un carafon d'eau-de-
vie — remède local — afin, dit-il,

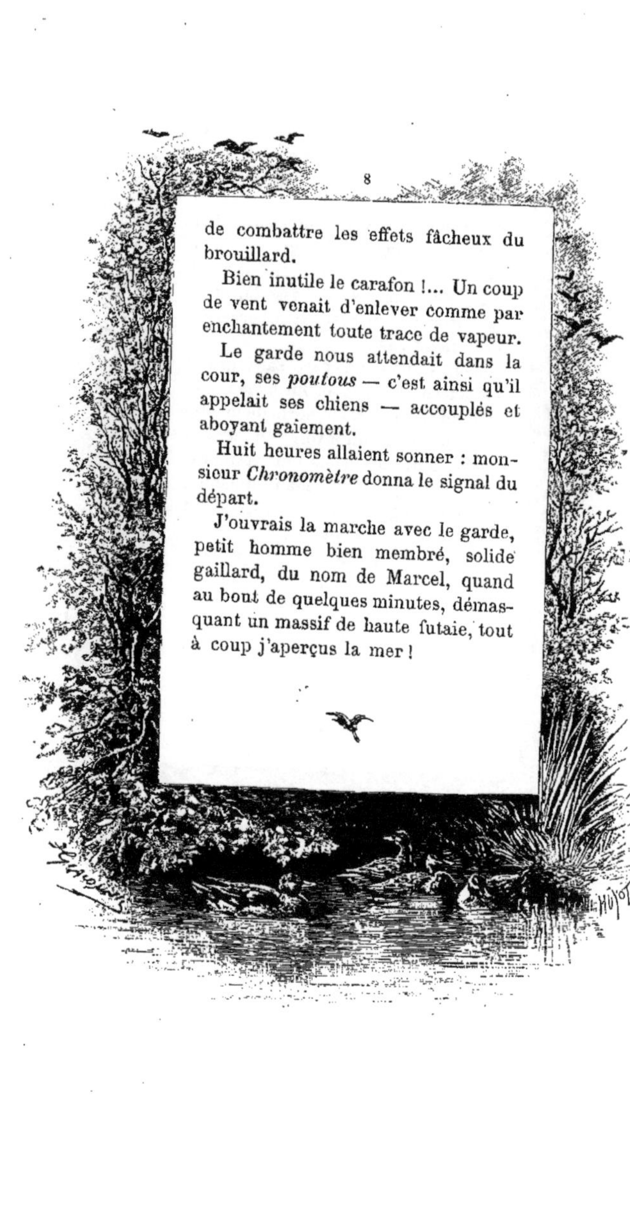

de combattre les effets fâcheux du brouillard.

Bien inutile le carafon !... Un coup de vent venait d'enlever comme par enchantement toute trace de vapeur.

Le garde nous attendait dans la cour, ses *poutous* — c'est ainsi qu'il appelait ses chiens — accouplés et aboyant gaiement.

Huit heures allaient sonner : monsieur *Chronomètre* donna le signal du départ.

J'ouvrais la marche avec le garde, petit homme bien membré, solide gaillard, du nom de Marcel, quand au bout de quelques minutes, démasquant un massif de haute futaie, tout à coup j'aperçus la mer !

Arrivé de la veille au soir, en voiture, je ne me rendais pas compte
exactement du pays où je me trouvais. Ayant quitté Pont-Audemer, à la
nuit tombante, sous une forte averse,
je m'étais bien aperçu que nous avions
marché au pas pendant une petite
demi-heure : j'en avais conclu que
nous gravissions une côte ; puis, pendant une heure, les chevaux ayant conservé le même trot, je pensais, avec
juste raison, devoir me trouver sur
un plateau. En regardant par la por-
tière, j'avais entrevu des bois, des
landes, des herbages ou des friches,
enfin une route monotone, à laquelle
je n'avais prêté aucune attention.

Aussi, ma surprise fut-elle grande,
lorsque, au détour d'une allée, j'eus
au loin la mer devant les yeux ! Mais,
je fus complètement étourdi, quand,
après avoir fait quelques pas de plus,

sous mes pieds, à trois cents mètres,
presque à pic, je découvris une vallée
merveilleuse, la vallée de la Risle !
Le spectacle était grandiose.

Je faisais face au nord.
Au delà des collines formant la
rive gauche de la Risle, mon regard
passant par-dessus Honfleur, que je
devinais, découvrait le Havre et tout
le va-et-vient existant entre ces deux
grands ports.
A ma gauche, sur une étendue d'au
moins quatre lieues, la Risle, aux eaux
limoneuses et jaunâtres en cet endroit,
comme un fil doré serpentant dans
d'immenses prairies marécageuses, se
perdait à ma vue dans la direction de

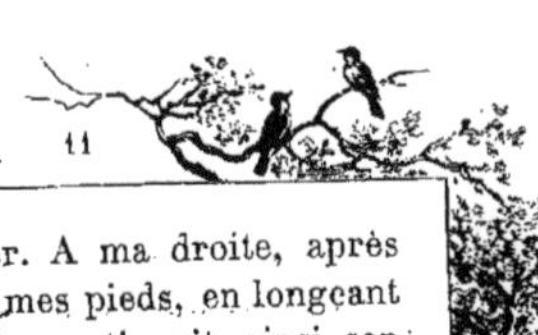

Pont-Audemer. A ma droite, après
être passée à mes pieds, en longeant
la falaise, elle continuait ainsi son
cours sur deux kilomètres environ ;
puis, brusquement, tournait au nord,
et, quelques milliers de mètres plus
loin, après avoir traversé une plaine
de sable, se perdait dans la mer.

Deux mois auparavant je faisais
connaissance avec les Alpes ; j'en
avais encore l'imagination toute rem-
plie. Eh bien, malgré ces impressions
récentes, je vous avouerai que le versant nord de la pointe de la Rocques
me frappa d'étonnement !

Cette vie dans le lointain repré-
sentée par le mouvement entre deux
villes maritimes, cette rivière à mes
pieds avec son monde de bateliers
et de pêcheurs ; puis, autour de
nous, cette solitude, ces rochers à
l'aspect sauvage, ces dunes immenses

recouvertes d'ajoncs gigantesques, formaient un contraste saisissant !

J'étais ébahi, et le baron, satisfait dans son amour-propre de propriétaire, jouissait à son tour de mon admiration :

— Hein, mon fils (il prononçait *fi*), n'est-ce point un brin gentil *cheu* nous ? Avouez que mon belvédère vaut bien votre Moulin de la Galette, à Montmartre ?

M. de N..., tout lettré qu'il fût, aimait à se servir d'expressions souvent triviales et à se donner des airs paysan.

— Allons, mon parent, assez d'extase comme cela; en chasse! J'ai

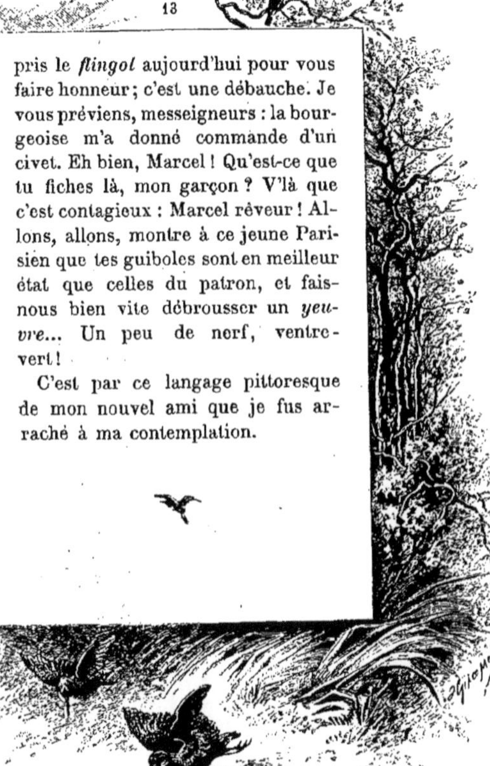

pris le *flingot* aujourd'hui pour vous faire honneur ; c'est une débauche. Je vous préviens, messeigneurs : la bourgeoise m'a donné commande d'un civet. Eh bien, Marcel ! Qu'est-ce que tu fiches là, mon garçon ? V'là que c'est contagieux : Marcel rêveur ! Allons, allons, montre à ce jeune Parisien que tes guiboles sont en meilleur état que celles du patron, et faisons-nous bien vite débrousser un *yeuvre*... Un peu de nerf, ventrevert !

C'est par ce langage pittoresque de mon nouvel ami que je fus arraché à ma contemplation.

A quelques centaines de mètres
sur notre droite, la pente était un
peu moins abrupte et formait comme
un vaste entonnoir.

C'est là que nous nous plaçâmes,
faisant face à la vallée et ayant derrière nous un plateau couvert de
bruyères.

Malgré les difficultés du terrain,
notre garde avec ses six bassets
griffons s'engagea dans les ajoncs,
où, de place en place, on voyait
poindre une touffe de chêne, un
rocher...

Pendant quelques minutes je l'entendis *appuyer* ses chiens : « *Au lit,
au lit, mes beaux !...* » Puis, sa voix
bientôt se perdit pour moi, étouffée
dans quelque ravin.

La chasse du lièvre ne me disait
rien ce jour-là. J'étais, du reste, un
peu blasé sur ce genre de gibier ;

aussi, m'étant laissé de nouveau absorber par les beautés du paysage, je ne m'aperçus pas que les camarades, échelonnés tout d'abord de cent mètres en cent mètres sur la crête où je me trouvais moi-même, s'étaient éclipsés ; ayant sans doute suivi de l'oreille la voix des chiens — plus heureux que moi, en cela — ils avaient dû se porter en avant.

Tout a une fin, même la contemplation du plus merveilleux panorama. Au bout d'une demi-heure, je m'aperçus que je croquais sérieusement le marmot. Je *houpai* une fois, deux fois... Personne de répondre... En désespoir de cause, j'allais me lancer à la recherche de mes compagnons, quand derrière moi j'entends certain frétillement... Je me retourne et je vois à vingt pas, me regardant avec des yeux pleins de malice et en

même temps humides de supplica-
tions... maître Phanor! Il est couché,
la tête contre le sol allongée entre
ses deux pattes de devant, la queue,
ce second organe de la pensée chez
les chiens — à moins qu'il n'en soit
que le traducteur — dans une agita-
tion fébrile et inquiète... Il n'avan-
cera pas, le brigand! Il se sent en
défaut : il s'est échappé, a suivi ma
piste, et, là, tout honteux, prévoyant
une correction méritée, se tient à
distance... Ah, le polisson!...

— Aux pieds, Phanor!

Ce n'était pas là ma grosse voix.
D'un bond l'excellente bête venait se
jouer dans mes jambes.

Puisqu'il en est ainsi, à nous deux,
mon vieux camarade!

Sans plus d'hésitation, je me lançai
dans le fourré avec l'espérance de
lever quelque bécasse; mon gibier

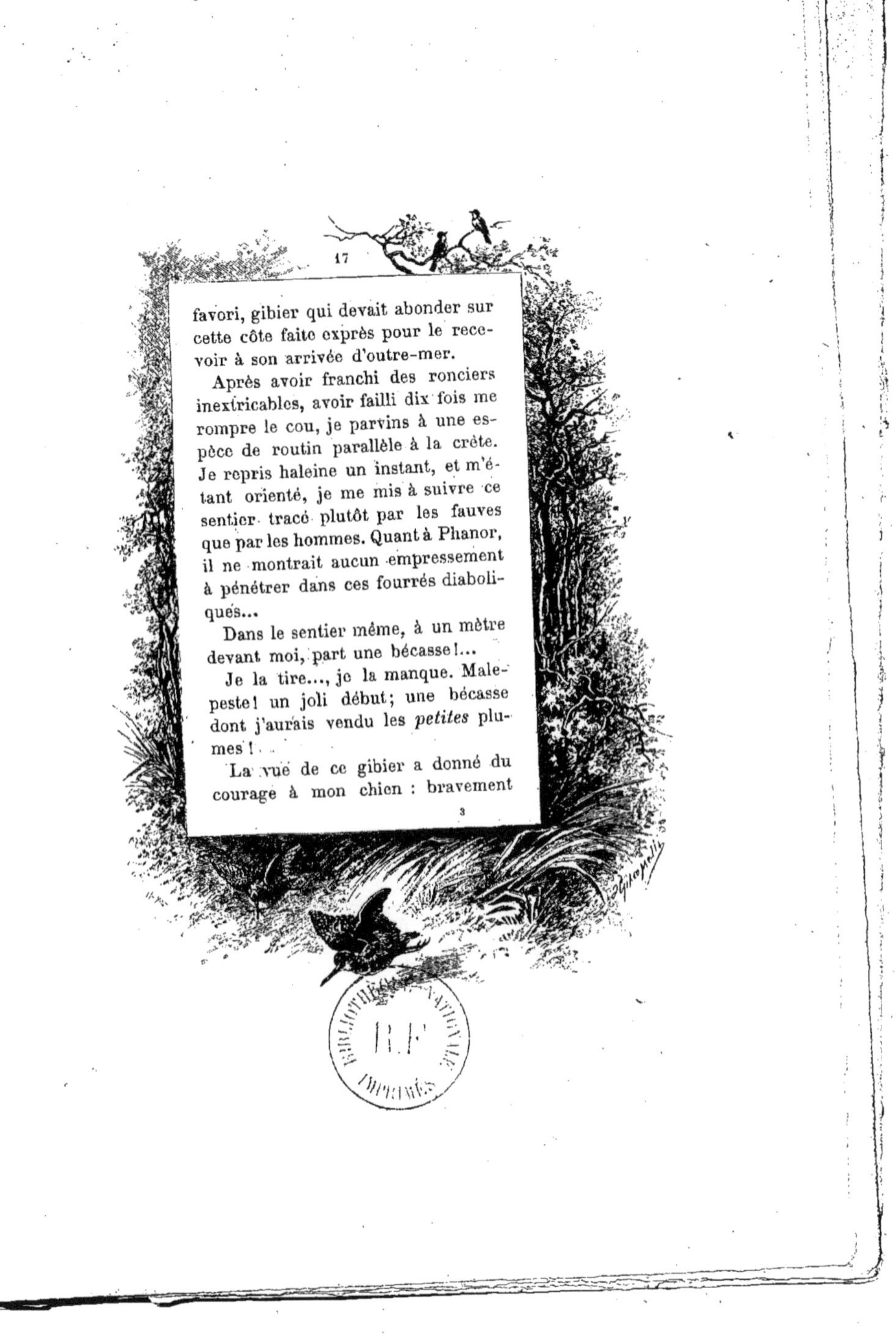

favori, gibier qui devait abonder sur cette côte faite exprès pour le recevoir à son arrivée d'outre-mer.

Après avoir franchi des ronciers inextricables, avoir failli dix fois me rompre le cou, je parvins à une espèce de routin parallèle à la crête. Je repris haleine un instant, et m'étant orienté, je me mis à suivre ce sentier tracé plutôt par les fauves que par les hommes. Quant à Phanor, il ne montrait aucun empressement à pénétrer dans ces fourrés diaboliques...

Dans le sentier même, à un mètre devant moi, part une bécasse !...

Je la tire..., je la manque. Malepeste ! un joli début ; une bécasse dont j'aurais vendu les *petites* plumes !...

La vue de ce gibier a donné du courage à mon chien : bravement

Phanor se met à l'ouvrage. En moins d'une heure je fis lever, sans exagération, dix bécasses et pus en tirer trois utilement.

Exténué, j'avais trouvé, surplombant la vallée, une roche bien découverte, sur laquelle j'étais assis depuis quelques instants, quand, sous mes pieds, à vingt mètres de moi, j'aperçois dans une clairière, grande comme un mouchoir, maître renard aux écoutes !...

Quel coup de fusil de lui arriver sur la nuque !...

Vous voyez cela d'ici ?...

Mais comment, diable ! aller chercher ma bête,... la tirer de là ?

Perché sur ma roche, je ne pouvais m'en arracher : je jetais à ma victime tantôt un regard de satisfaction, tantôt un regard de dépit... J'y serais encore, ma parole ! quand la mu-

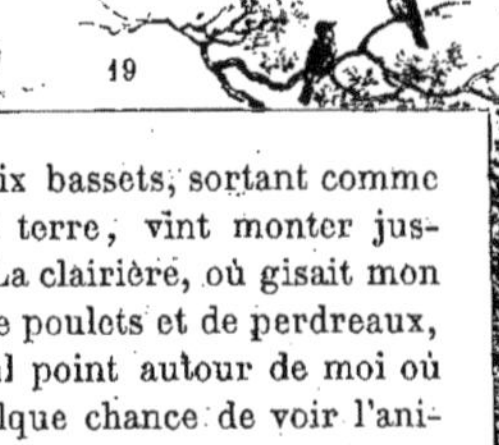

sique des six bassets, sortant comme
de dessous terre, vint monter jusqu'à moi! La clairière, où gisait mon
croqueur de poulets et de perdreaux,
était le seul point autour de moi où
j'avais quelque chance de voir l'ani-
mal de chasse. Il n'y avait pas deux
minutes que les flonflons et les rou-
lades m'arrivaient aux oreilles, quand
un gros bêta de lièvre s'arrêta court
devant le braconnier défunt, dont le
corps sanglant obstruait le passage.
Sans laisser le temps au nouveau
venu de faire de longues réflexions
sur la fragilité de la vie ou sur la
plus ou moins bonne odeur du ca-
davre d'un ennemi mort, mon plomb,
l'envoyant à son tour *ad patres*,
lui coupa pour toujours la pensée et
la respiration. On aurait couvert
lièvre et renard sous le même éper-
vier.

Dès mon premier coup de fusil, Marcel s'était heureusement dirigé de mon côté. Il n'était que temps ! Quand il déboucha dans la clairière, Castillo, Rigolo, Ravissante et Cie, allaient se mettre à table.

— Vous ferez ripaille une autre fois, mes beaux !

Sauvé, le civet de la « bourgeoise » !

Chargé de mes trophées, je ne sais comment notre « piqueur » s'y prit pour me rejoindre... toujours est-il que, grâce à son aide, je pus sortir de mon fourré et retrouver mes compagnons. Ensemble nous rentrâmes au castel, où un déjeuner sérieux nous attendait : je ne vous en ferai pas grâce.

Ce serait tout de même abuser de
vous — qui êtes peut-être à jeun —
que de vous faire une description
minutieuse d'un repas de chasse chez
un propriétaire normand, chez un
rural, dans toute l'acception du mot.
Qu'il me suffise de vous dire qu'aux
poulardes succèdent les chapons,
aux dindes les oies, aux canards les
pigeons et les pintades! C'est une
défilade, c'est une procession de tous
les produits de *cheu* nous, comme se
plaisait à répéter notre hôte. Mais la
victuaille n'est rien en comparaison
du liquide qu'on doit absorber! Sous
prétexte de fièvre paludéenne à dé-
tourner, il faut subir vins rouges,
vins blancs, gros cidre « bouché »,
« calvados » et « cognac »! Et tout
cela, pêle-mêle!

A peine a-t-on avalé deux bou-
chées, qu'on vous pousse un verre

d'eau-de-vie : c'est faire un « trou ».
Aux « trous » succèdent les « trous »;
à la « consolation » la « rincette » et la
« surrincette », l'une poussant l'autre...
Les dames parties, entre hommes,
pour clore la cérémonie on s'offre
(Emile, ô maître suave, retiens l'expression)... le « coup de pied au cul! »
   A ce métier-là on évite peut-être
la fièvre, mais, pour sûr, on attrape
la goutte.

   Depuis un moment déjà je remar-
quais, malgré son entrain, certaines
contractions sur la figure de M. de N...
La rosée du matin et ce déjeuner,
peu approprié à un arthritique, avaient
provoqué une crise. Chancelant et dé-
fait il gagna péniblement sa cham-

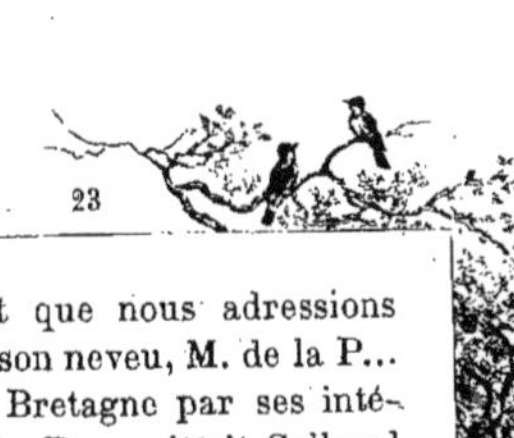

bre, pendant que nous adressions nos adieux à son neveu, M. de la P...

Appelé en Bretagne par ses inté-rêts, M. de la P... quittait Sallenel pour quelques jours.

Ces deux dames avaient suivi leur malade. Mon parent et moi restions seuls.

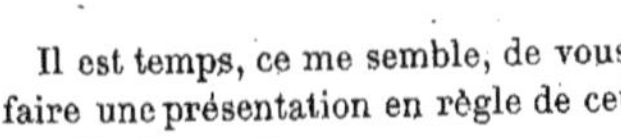

Il est temps, ce me semble, de vous faire une présentation en règle de cet excellent parent.

M. Le Br..., propriétaire d'un des beaux domaines de la Seine-Inférieure, était fils d'un marin qui eut son heure de célébrité.

Officier de la marine royale, cor-saire pendant la période révolution-naire, armateur sous l'Empire, cet

homme — un des types les plus extraordinaires de cette époque tourmentée — eut une existence à tenter la plume d'un Dumas, d'un Cooper ou d'un Aymar... Je vois encore son portrait, une superbe miniature peinte sur peau humaine... — je dis bien, sur peau humaine — mais, rassurez-vous, aucun crime n'était passé par là, et la miniature en question ne rappelait en rien la trop fameuse culotte de Saint-Just...

En exergue, on lisait :

Olim sub, nunc super...

Oui, c'était sur sa propre peau qu'il avait fait représenter ses traits !

A la suite d'une maladie contractée au Brésil, comme un serpent des tropiques, il s'était offert le luxe d'une peau neuve. Ayant recueilli un morceau de sa vieille dépouille, un lambeau de lui-même, à son retour en

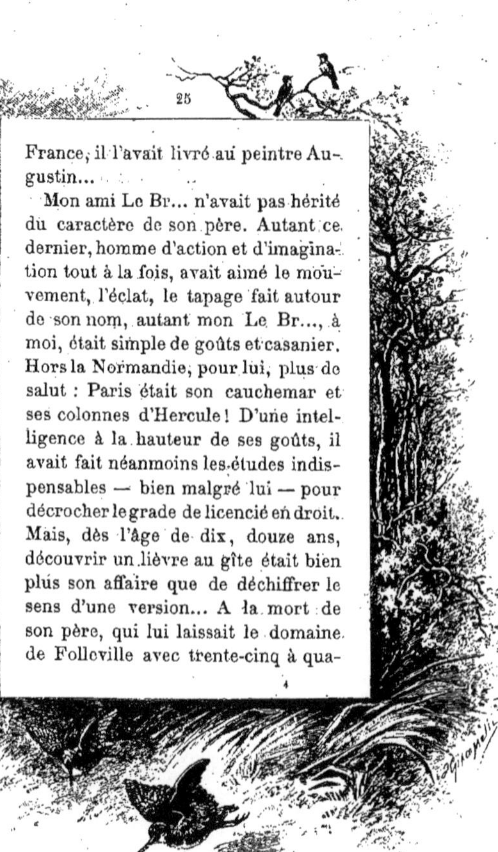

France, il l'avait livré au peintre Augustin...

Mon ami Le Br... n'avait pas hérité du caractère de son père. Autant ce dernier, homme d'action et d'imagination tout à la fois, avait aimé le mouvement, l'éclat, le tapage fait autour de son nom, autant mon Le Br..., à moi, était simple de goûts et casanier. Hors la Normandie, pour lui, plus de salut : Paris était son cauchemar et ses colonnes d'Hercule ! D'une intelligence à la hauteur de ses goûts, il avait fait néanmoins les études indispensables — bien malgré lui — pour décrocher le grade de licencié en droit. Mais, dès l'âge de dix, douze ans, découvrir un lièvre au gîte était bien plus son affaire que de déchiffrer le sens d'une version... A la mort de son père, qui lui laissait le domaine de Folleville avec trente-cinq à qua-

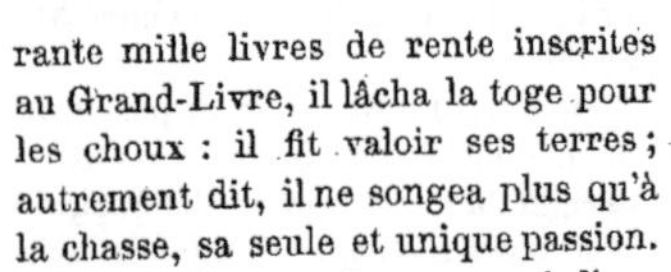

rante mille livres de rente inscrites au Grand-Livre, il lâcha la toge pour les choux : il fit valoir ses terres ; autrement dit, il ne songea plus qu'à la chasse, sa seule et unique passion.

Parent de mon père, son ami d'enfance, veuf au bout de quelques années de mariage, sans enfants, il vécut dans l'intimité de ma famille. Dès que j'eus l'âge, ou plutôt la force, de pouvoir supporter pendant quelques heures la fatigue de la marche, je devins son porte-carnier, son ombre.

Peu d'années après, son élève était son émule, et de plus en plus son fidèle Achate.

Si l'intelligence du cher homme n'était pas transcendante, son cœur était un puits de bonté inépuisable. D'une droiture, d'une loyauté, d'un courage à toute épreuve, il n'avait contre lui qu'un affreux caractère.

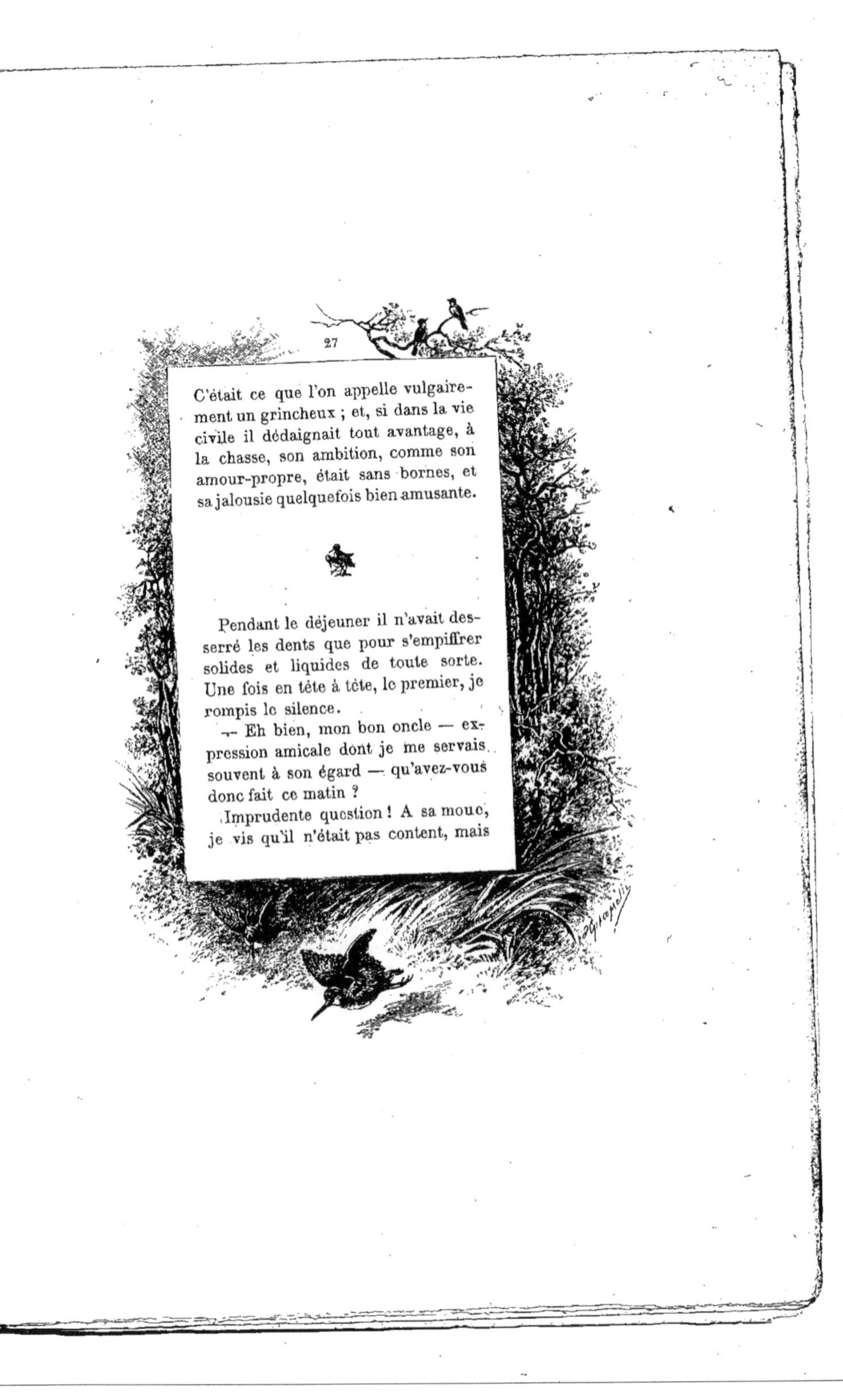

C'était ce que l'on appelle vulgaire-
ment un grincheux ; et, si dans la vie
civile il dédaignait tout avantage, à
la chasse, son ambition, comme son
amour-propre, était sans bornes, et
sa jalousie quelquefois bien amusante.

Pendant le déjeuner il n'avait des-
serré les dents que pour s'empiffrer
solides et liquides de toute sorte.
Une fois en tête à tête, le premier, je
rompis le silence.

— Eh bien, mon bon oncle — expression amicale dont je me servais
souvent à son égard — qu'avez-vous
donc fait ce matin ?

Imprudente question ! A sa moue,
je vis qu'il n'était pas content, mais

pas content du tout... Monsieur bou-
dait !

Après une pause assez longue, j'allais attaquer un autre sujet, lorsqu'il
me lâcha en bordée une de ses phrases
favorites :

— *Mon cher, pour tuer, il faut
tirer !...* Si j'avais eu mon chien d'ar-
rêt comme toi, comme toi j'aurais
réussi ; va, il n'est pas plus difficile
de tuer une bécasse qu'un perdreau...,
et des perdreaux, mon bon, quand
tu en auras tué autant que moi...

Il était devenu complètement épi-
neux ; c'était à croire que j'étais encore au milieu des ajoncs de la
falaise.

Quand il eut bien déversé toute sa
bile, pour l'amadouer, je trouvai
moyen de lui faire raconter quelque
histoire qu'il m'avait déjà servie
nonante fois — je n'exagère guère —

et qui le remettait infailliblement en belle humeur.

Grâce à mon stratagème, nous étions redevénus les meilleurs amis du monde, et nous nous demandions comment nous pourrions bien utiliser notre après-midi ?...

Les grives du matin me revinrent à l'esprit ; je lui fis part du spectacle auquel j'avais assisté. Il prit la balle au bond, d'autant plus que, l'année précédente, il avait, paraît-il, admirablement réussi à cette chasse.

Nous voilà donc partis, tenant notre fusil d'une main, un pliant de l'autre. Il y avait deux ifs, vous ai-je dit. Nous nous mîmes en observation chacun devant le nôtre. Personnellement, au fusil et au pliant j'avais joint un livre. Ce dernier me fut bien inutile : tout le temps j'avais les bras tendus, le fusil à l'épaule !

A chaque coup tiré par mon voi-
sin ou par moi, vingt-cinq à trente
grives s'enfuyaient à tire-d'aile de
nos deux arbres. Une minute après,
il y en avait autant ! La seule diffi-
culté que j'éprouvais pour tirer était
de distinguer suffisamment mon but.
A peine un oiseau abordait-il l'if qu'il
disparaissait immédiatement dans l'é-
paisseur du sombre feuillage. Pendant la première demi-heure je tirai
avec hésitation et n'arrivai pas à tuer
une grive sur deux. M'enhardissant,
je me mis à tirer au *jugé*... Dès
qu'une grive se jetait dans le fourré
devant moi, rapidement je jetais ma
charge de plomb n° 10 dans ce fourré,
juste à la place où l'oiseau avait disparu : la réussite fut complète. Le
premier soin d'une grive qui s'abat,
étant de se retourner vivement sur
place, le premier soin du tireur sera

de lui adresser son coup de fusil pendant cette volte-face. Je m'étais établi
cette règle, et, comme je ne suis pas...
cachotier, je la livre aux néophytes.

Après une couple d'heures de ce tir
fort divertissant, je l'avoue, je com-
mençais néanmoins à avoir les bras
très fatigués, avec complication d'un
torticolis en perspective, lorsque j'a-
perçus le facteur, porteur du courrier.

J'abandonnai la place à mon asso-
cié, ajoutant au tas respectable de
grives, qu'il avait à côté de lui, deux
bonnes douzaines de ces oiseaux.

Un bout de toilette, quelques lettres
à écrire, un peu de politique complé-
tèrent cette première journée.

Le soir à dîner, grâce à ces dames,
nous formions un demi-quadrille.
Pour galants, nous fûmes galants,
cela va sans dire. Personnellement,
n'avais-je pas à soutenir ma réputation de Parisien?

Mon vieil ami avait entrepris madame de N... sur des souvenirs de
jeunesse. La nièce resta mon par-
tage.

Cette grande enfant gâtée pouvait
avoir vingt-deux ans, « la belle âge »,
comme aurait dit monsieur son oncle!
A l'œil vif et mutin elle joignait un
minois gracieux, auquel ne manquait
pas certain petit air futé et provo-
cateur. Je lui fis deux doigts de cour.
Pouvais-je m'en dispenser? Je les
lui fis par devoir et sans arrière-
pensée. Ne souriez donc pas... Je
puis vous assurer que le bien d'autrui
— même ce genre de bien-là... — ne

... jamais tenté ; j'ai toujours en
... reur du braconnage ... J'dou...
... debout... « Eh oui, tant que ...
... oudrez !

Après le dîner, notre hôte ...
... ait en une fausse alerte, nous p...
... monter dans sa chambre, où ...
... trouvâmes tout à fait guill...

— Oui, messeigneurs, peti...
... ame vit encore. Sexriau
... ventre-vert, j'ai eu une *frac*...
... ns, mignonne, approche une ...
... donne-nous des cartes ; nous ...
... re une *mouche*, les amis, hein ?...
... *mort* ?... ce qu'il vous plaira ...
... êtes-vous, madame *Pendule* ? Et
... petite nièce ?

... dames, peu tentées par le car...
... nous dressèrent une table de
... *t*. Malgré mes appréhensions, la
... se tira sans trop de bruit et de
... es, car — il faut le dire — mon

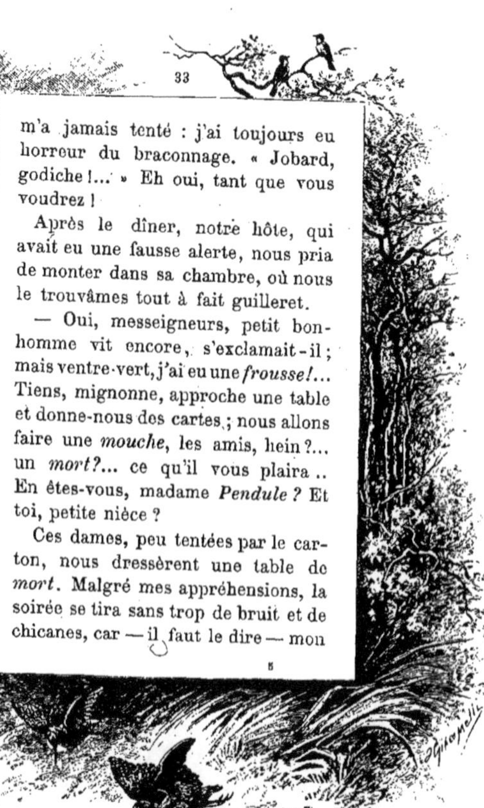

m'a jamais tenté : j'ai toujours eu horreur du braconnage. « Jobard, godiche !... » Eh oui, tant que vous voudrez !

Après le dîner, notre hôte, qui avait eu une fausse alerte, nous pria de monter dans sa chambre, où nous le trouvâmes tout à fait guilleret.

— Oui, messeigneurs, petit bonhomme vit encore, s'exclamait-il ; mais ventre-vert, j'ai eu une *frousse!*... Tiens, mignonne, approche une table et donne-nous des cartes ; nous allons faire une *mouche*, les amis, hein ?... un *mort?*... ce qu'il vous plaira.. En êtes-vous, madame *Pendule ?* Et toi, petite nièce ?

Ces dames, peu tentées par le carton, nous dressèrent une table de *mort*. Malgré mes appréhensions, la soirée se tira sans trop de bruit et de chicanes, car — il faut le dire — mon

vieux Le Br... était aussi mauvais
joueur que chasseur grincheux... et je
m'aperçus bientôt que M. de N... n'a-
vait pas de points à lui rendre sous
ce premier rapport.

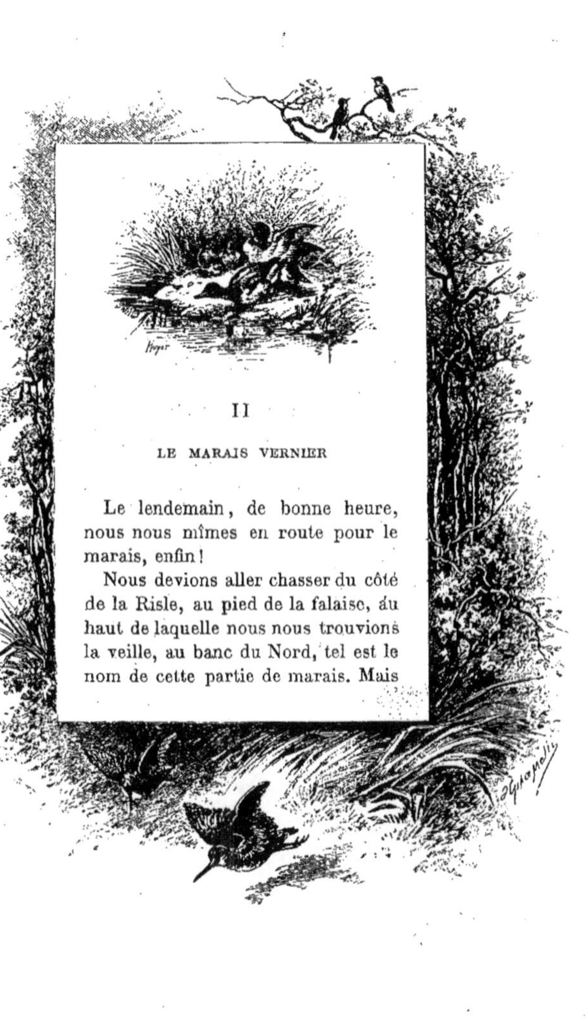

II

LE MARAIS VERNIER

Le lendemain, de bonne heure, nous nous mîmes en route pour le marais, enfin!

Nous devions aller chasser du côté de la Risle, au pied de la falaise, au haut de laquelle nous nous trouvions la veille, au banc du Nord, tel est le nom de cette partie de marais. Mais

l'eau ne s'étant pas suffisamment re-
tirée, Marcel, notre guide, préféra
nous conduire à l'opposé, c'est-à-dire
par le versant sud de la Pointe de la
Rocques, dans un endroit où il es-
pérait trouver des terrains plus dé-
couverts.

Vingt minutes de marche suffirent
pour nous amener à la limite du plateau.

Là, encore, un spectacle féerique,
mais d'un autre genre que celui de
la veille, nous attendait.

Devant nous, une pente boisée,
rapide sans doute, mais praticable
pour le piéton, s'abaissait sur deux
kilomètres environ, puis à l'horizon,
une prairie sans fin où des milliers et
des milliers d'animaux de toute sorte,
bœufs, vaches, chevaux paissaient
confondus, libres, abandonnés à eux-
mêmes.

C'était le marais Vernier.

Sur notre gauche, on découvrait la mer ou plutôt la Seine; puis, tout à fait en face de nous, où l'œil confondait la terre et le ciel, quelque chose qui n'était ni terre ni ciel, un je ne sais quoi brumeux, qui nous indiquait la place d'un vaste étang, connu sous le nom de « Grand'-Mare ».

Nous ne nous attardâmes pas à la contemplation de ce splendide panorama, les beautés de la Nature laissant froid mon très prosaïque compagnon, et moi-même ayant hâte d'arriver au pays de la bécassine! Aussi, malgré la rapidité de la montagne, nous ne fûmes pas longs à être au bas et à gagner les parties les moins humides du marais.

Les herbes recouvrant ce marais étaient de trois sortes. Dans les parties les plus saines poussaient des espèces de « lèches » d'un pied de hauteur, en moyenne; dans les cuvettes — endroits préférés des bécassines — où séjournait toujours un peu d'eau, on ne voyait que des petits joncs; de grands roseaux masquaient les parties tout à fait creuses, telles que mares, fossés d'écoulement.

Nous nous étions divisés, battant devant nous le terrain, comme il se présentait. Je longeais depuis quelques instants un fossé, lorsqu'à mes pieds se lèvent deux canards! De mes deux coups de fusil, « pif, paf »! je vous les pelote.

O ravissement!...

Hélas! ma joie fut de courte durée : je venais d'assassiner deux « *appelants* »!

A mes deux coups de fusil, un grand gaillard, que je n'avais pas aperçu tout d'abord, surgit de derrière une grosse touffe de roseaux, où il était à « retaper » une sorte de vieux coffre, dont je ne connus que plus tard le passionnant usage. La casquette à la main, le sourire aux lèvres, en homme sûr de n'avoir pas perdu sa journée, il me réclame — très poliment, ma foi — le prix des deux victimes, ses élèves, son bien... Malgré sa bonne mine et un air franc — à croire que j'étais à cent lieues des régions normandes — je n'avais pas, je ne pouvais pas avoir, vous en conviendrez, une conviction bien établie de son droit. Eh bien, vexé autant qu'humilié, sans récriminations, je lui allongeai galamment une pistole. Je venais de faire un excellent placement. Cet homme avait fini son travail. Alléché sans doute par ma générosité, il me proposa de m'accompagner. J'acceptai, espérant qu'il m'éviterait quelque autre malheur, enfin qu'il pourrait me rendre quelque service. Sa connaissance me fut précieuse. Ma pistole, je le répète, avait fait merveille!

Pour un beau passage, ce n'était pas ce qu'on peut appeler un beau

passage — allons, me voilà, ce me
semble, de retour en pleine Normandie... De loin en loin partait une
bécassine. J'en tuai trois ou quatre
péniblement. C'est sur le râle de genêt que je me rattrapai; dans moins
d'un hectare de « lèches » je m'en
procurai une demi-douzaine.

Mon bon oncle, de son côté, quoi-
que connaissant mieux le terrain
que moi, n'avait pas mieux réussi :
dix pièces, tant râles de genêt que
marouettes et bécassines, formaient
son avoir.

Ces chasses au marais sont érein-
tantes : tantôt on enfonce jusqu'à mi-
jambe dans des terrains fangeux,
quand ce ne sont pas des « criques »
qui vous arrêtent; tantôt, de grandes
herbes vous enlacent les pieds, au
risque de vous faire tomber; puis,
ce sont des fossés à franchir. De-çà

et de-là, il y a bien une planche;
mais, la plupart du temps, on ne
trouve que de grandes perches, et
voici comment il faut procéder pour
passer l'obstacle : on pique sa gaule
au bord du fossé, en la tenant des
deux mains; puis, prenant son élan,
on saute sur la berge opposée.

Nous nous trouvions justement
réunis devant un de ces fossés plus
large que les précédents, et je mani-
festais une certaine hésitation à prendre la perche... Mon vieux Le Br...
s'en saisit — pour me donner une
leçon, sans doute; — ne veut même
pas se décharger de son fusil, qu'il
met en bandoulière; pique bravement le bâton devant lui; prend son
élan... Mais au lieu d'aller retomber
sur le bord opposé, ne reste-t-il pas
au beau milieu... — au « mitan » —
de la tranchée!!

Sous son poids, la perche, au lieu
de s'incliner, ne s'enfonce que davantage ; et mon bon oncle, glissant le
long du bâton, comme si ce traître
bâton eût été passé au savon, a bientôt de l'eau par-dessus les oreilles !...

Lui tendant le canon de mon fusil
déchargé, nous le tirâmes de là,...
dans quel état, je vous laisse juge !

Depuis mon joli coup double sur
la volaille, il avait conservé un sourire narquois. Pour lors, le sourire
narquois était bien resté au fond de
l'eau : on n'en voyait plus trace sur
sa lamentable figure.

Mon paysan, nommé Mongréville,
habitait au pied de la côte, à un ki-

lomètre, à peine, du point où nous nous trouvions. Nous allâmes chez lui faire sécher mon compagnon tout grelottant.

L'heure du déjeuner étant venue, devant un feu vif et pétillant on dressa la table, sur laquelle Marcel, porteur de la victuaille, étala notre « biscuit ».

Le bain avait extraordinairement aiguisé l'appétit de Le Br..., car, avant que le garde n'eût eu le temps de sortir nos provisions du sac, il avait déjà humé une omelette de douze œufs que Mme Mongréville lui avait préparée à la hâte !

Après avoir réparé nos forces, nous étions à deviser devant la braise, la pipe aux dents, lorsque notre hôte, allumé par la bonne chère et surtout par un coquin de petit vin blanc descendu du château,

vint à nous narrer ses chasses au gabion : « Cent dix pièces en une nuit!
Cinq oies sauvages tuées du même
coup de fusil!... » Le plus allumé
maintenant, c'était votre serviteur.
Mongréville eut beau me faire l'observation que la saison des grands
passages n'était pas encore arrivée,
je voulus, quand même et dès le soir
même, tâter du gabion, une nou-
veauté pour moi.

Le Br... ne disait trop rien. Quoi-
que confortablement installé dans la
redingote et le pantalon des diman-
ches de M. Mongréville, ayant aux
pieds les chaussons de la maîtresse
de céans, le sang lui montait extraor-

dinairement à la tête, et sans qu'il se plaignît — jamais plainte sur une douleur physique n'était sortie, je crois, de la bouche de mon bon oncle — on voyait qu'il n'était pas dans son assiette. Néanmoins, il fut convenu que Marcel irait au château prévenir de notre absence et en même temps nous chercher de la rechange et des vivres pour passer la nuit.

Dans la journée je fis seul un tour au marais, sans grand succès du reste : cinq ou six pièces furent le résultat de ma promenade.

Quand je rentrai chez Mongréville, mon bon oncle était parti. Dès le retour de Marcel il s'était changé, et,

sans avouer qu'il était malade, était
remonté avec le garde à Sallenel.

Je fis deux lots de mes nouveaux
vivres : le premier fut consommé sur
place avec Mongréville, le second di-
visé de rechef et mis dans nos car-
niers. Le mien était fortement garni :
outre les munitions de bouche et de
chasse, il contenait encore ma toilette
de nuit. Par-dessus, passé dans la
bretelle, flottait un tartan écossais,
mon inséparable en temps d'expédi-
dition.

Mon compagnon mit tout sur son
dos, sans oublier un sac rempli d'auxi-
liaires précieux, de canards vivants
— frères ou cousins de mes victimes
du matin, — puis ayant appliqué
deux gros baisers sur les joues rubi-
condes de Mme Mongréville, à laquelle
je tirai ma révérence, il me donna
le signal du départ.

En moins d'une demi-heure nous fûmes arrivés sur le terrain.

A trois cents mètres l'un de l'autre, mon homme possédait deux gabions de dimensions inégales. Il me fit choisir, tout en m'engageant à prendre le plus petit, comme étant le plus fréquenté. Sans hésitation, cela va sans dire, j'optai pour le plus petit.

La nuit descendait vite ; nous n'avions pas trop de temps pour nous organiser. Mongréville piqua des « *appelants* » autour de moi, puis fila s'installer de son côté au second gabion.

Qu'est-ce qu'un gabion ? Comment s'y installe-t-on ?

Un gabion est une boîte longue de cinq à six pieds, large de deux à trois, un peu moins haute que large, un cercueil, quoi ! On y pénètre par une trappe, dont le couvercle fixé

par des charnières se rabat sur l'arrière de la boîte. Le cercueil — le gabion, veux-je dire — est enterré, et le couvercle affleure le sol ; une chaîne de cinq à six mètres de long, fixée à un pieu solide perdu dans la terre, retient par un bout la boîte, qui ne court plus ainsi le risque d'être emportée par le flot, s'il survenait une forte marée.

Il est des gabionneurs, qui, avant l'heureuse invention de cette chaîne de sûreté, se sont, paraît-il, laissé enlever et conduire en plein Océan ! Instinctivement je m'assurai que ma maison était solidement attachée à la terre ferme, n'ayant nulle envie, ce soir-là, d'aller rendre visite aux « Goddam », aux Yankee ou aux poissons.

Devant le gabion était une mare factice, peu profonde — un fer de bêche, guère plus — formant comme une demi-ellipse de vingt mètres environ de longueur.

A droite et à gauche du gabion les « *appelants* » étaient au piquet ; une courte ficelle attachée à la patte, ficelle ayant un poids en plomb à l'autre bout, les maintenait en place, comme à l'ancre.

J'avais à ma droite un canard mâle (*malard*) et à ma gauche quatre canes (*bourres*). Comme le mâle ne doit pas être en vue des femelles, si le chasseur demande de bruyants soupirs de la part de ces dames, la tête du gabion, avançant d'environ quatre-vingts centimètres sur l'eau, séparait suffisamment les sexes pour que les appels amoureux ronflassent.

L'intérieur de la maison répondait à l'extérieur. Comme lambris, capitonnage et meubles... une botte de

paille fraîche, grâce à Mongréville,
qui, dans la journée, était venu faire
le ménage.

Le ciel s'assombrissait de plus en
plus, et dans les bois de la falaise le
merle jetait au vent ses « *pic... pic...* »
aigus...

Je pris possession de ma chambre ;
mais, comme ses dimensions étaient
fort exiguës, c'est assis sur le couvercle, les jambes dans l'intérieur,
que j'opérai ma toilette de nuit : je
retirai mes bottes de marais, que je
laissai en dehors du gabion et me mis
aux pieds de forts chaussons ; puis,
après avoir remplacé ma veste par
un tricot, je passai à la coiffure.

J'avais demandé mon béret, et, à la

place, c'est un bonnet de coton que je sortis de mon sac ! J'en conclus que n'ayant pas trouvé mon bien, on l'avait remplacé par un casque à mèche du baron.

A peine cette coiffure locale était-elle sur ma tête que je sentis me glissant le long des tempes, sur le front, dans le cou, un je ne sais quoi de fluide, d'impalpable qui néanmoins vint bientôt m'aveugler ! J'arrachai vivement ce bonnet à surprises. Alors je fus absolument envahi... Je frottai avec prudence une allumette-bougie pour me rendre compte de ce qui m'arrivait. O surprise ! j'étais à l'état de pierrot, j'étais complètement enfariné !

Une farce ! oui, une jolie farce, ma foi ! Le baptème du chasseur au gabion, ai-je su depuis. Ah, madame la friponne, j'ai bien compris tout de

suite d'où me venait le coup ! C'était sans doute pour vous venger de mes ménagements? Soyez donc généreux avec les femmes !

Après m'être débarrassé, du mieux que je pus, de ma farine (j'avais l'eau sous la main), légèrement empesé, je me glissai dans ma boîte et laissai retomber le couvercle.

Je fus bien un grand quart d'heure à souffler, à me gratter, à me retourner, à chercher une position supportable. Enfin me voilà sur le ventre, ayant à ma droite mon fusil chargé. Le bout des canons sortait par une des deux meurtrières faisant face à la mare, ouvertures par lesquelles je

découvrais le théâtre du drame que je préparais ; mes cartouches supplémentaires étaient à gauche, sous ma main.

Mes « bourres » travaillaient de leur métier : « *couan, couan, couan...* » trompétaient-elles bruyamment, tandis que leur sultan répondait de loin en loin par une note grave, en langage canard.

Puis, ce furent les « *flou, flou, flou...* » d'une bande de voyageurs qui vinrent frapper mon oreille, mais rien ne s'abattit sur ma pièce d'eau. Plusieurs fois j'entendis même musique, musique charmante !... Vain espoir ! Rien, toujours rien ne s'arrêtait.

Tout à coup apparaît devant moi une vive lumière, suivie de près d'une sourde détonation ! Mongréville travaillait.

La lune, un moment cachée par un

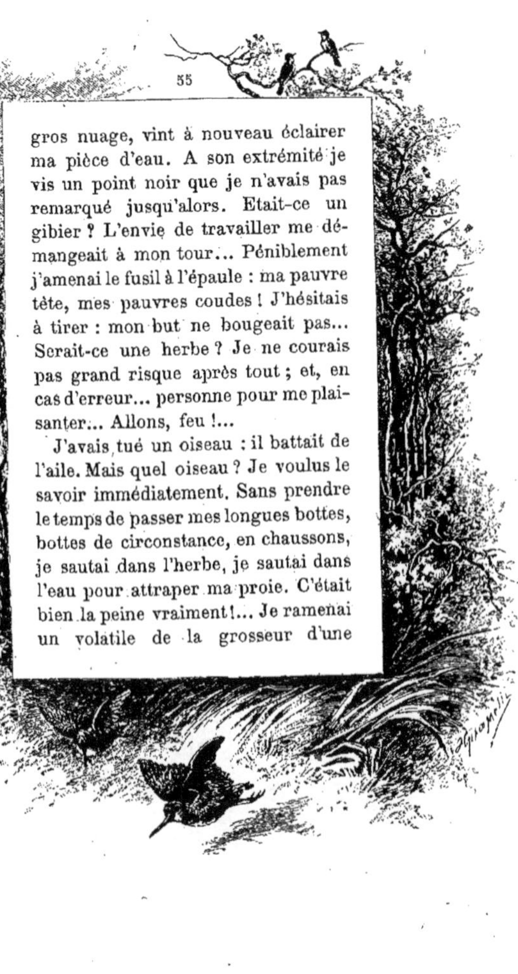

gros nuage, vint à nouveau éclairer
ma pièce d'eau. A son extrémité je
vis un point noir que je n'avais pas
remarqué jusqu'alors. Etait-ce un
gibier ? L'envie de travailler me dé-
mangeait à mon tour... Péniblement
j'amenai le fusil à l'épaule : ma pauvre
tête, mes pauvres coudes ! J'hésitais
à tirer : mon but ne bougeait pas...
Serait-ce une herbe ? Je ne courais
pas grand risque après tout ; et, en
cas d'erreur... personne pour me plai-
santer... Allons, feu !...

J'avais tué un oiseau : il battait de
l'aile. Mais quel oiseau ? Je voulus le
savoir immédiatement. Sans prendre
le temps de passer mes longues bottes,
bottes de circonstance, en chaussons,
je sautai dans l'herbe, je sautai dans
l'eau pour attraper ma proie. C'était
bien la peine vraiment !... Je ramenai
un volatile de la grosseur d'une

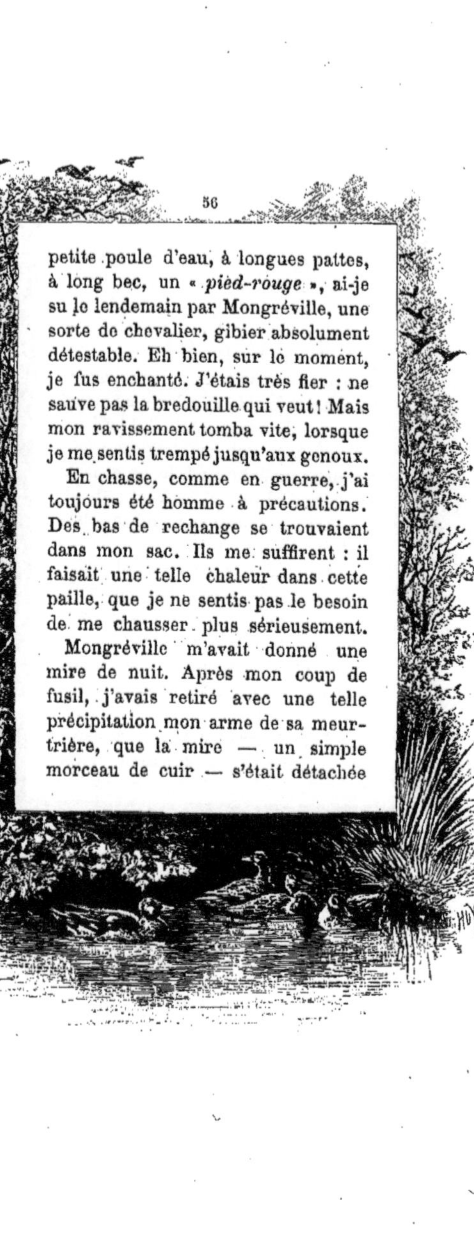

petite poule d'eau, à longues pattes,
à long bec, un « *pied-rouge* », ai-je
su le lendemain par Mongréville, une
sorte de chevalier, gibier absolument
détestable. Eh bien, sur le moment,
je fus enchanté. J'étais très fier : ne
sauve pas la bredouille qui veut ! Mais
mon ravissement tomba vite, lorsque
je me sentis trempé jusqu'aux genoux.

En chasse, comme en guerre, j'ai
toujours été homme à précautions.
Des bas de rechange se trouvaient
dans mon sac. Ils me suffirent : il
faisait une telle chaleur dans cette
paille, que je ne sentis pas le besoin
de me chausser plus sérieusement.

Mongréville m'avait donné une
mire de nuit. Après mon coup de
fusil, j'avais retiré avec une telle
précipitation mon arme de sa meur-
trière, que la mire — un simple
morceau de cuir — s'était détachée

et était tombée dans la mare. Le ciel étant tout à fait dégagé de nuages et la lune donnant à plein sur l'eau, je pus facilement la rattraper avec la main. Je la remis au bout de mon canon, bien résolu à ne plus bouger.

Après une heure de nouvelle attente, une bande de canards vint enfin se jeter devant moi. O mon cœur, quelle berloque!... Il y en avait sept à huit, peut-être davantage, mais tous éparpillés sur la mare. Enfin, en voici deux qui m'ont l'air de vouloir se parler à l'oreille : ils sont à dix mètres de moi l'un couvrant l'autre. Le moment est venu de se préparer. Avec quelles précautions j'amène la crosse du fusil à l'épaule! J'ajuste, je vais presser la détente, quand je vois le groupe s'augmenter d'un, puis de deux camarades. Prudemment je retire l'in-

dex de dessus la gâchette, le dégage
de la sous-garde; tout le haut du
corps appuyé sur les coudes, j'at-
tends. O mes malheureux bras, ô mon
malheureux coù!... Toute la bande
est rassemblée, il me semble. Peu
importe, du reste, ce n'est plus une
question de sang-froid, c'est une
question physique, je ne peux plus
attendre. Je serre la crosse contre
l'épaule, je vise dans le tas... Le
coup éclate!... Quel vacarme! J'entends des canards s'enfuir à tire-
d'aile, mais j'en entends aussi se dé-
battre sous ma main.

Lorsque le silence fut rétabli, la
fumée dissipée, je crus voir flotter
au moins trois canards sur l'eau. Le
vent poussait dans le même sens toutes
mes victimes contre la berge. Je
compris, alors, combien il était inutile de se déranger. Aussi, je me

contentai de détirer mes membres engourdis.

Moins d'un quart d'heure après je fusillai encore un oiseau isolé. Je le pris pour une sarcelle.

Il était minuit. Jusqu'alors les oiseaux n'avaient pas cessé de circuler. Dans ma soirée j'avais entendu tirer une vingtaine de coups de fusil, et le vent était violent, circonstance qui devait m'empêcher d'entendre de bien loin. A partir de ce moment le passage parut se ralentir sensiblement.

Là-bas, devant moi, je devinais l'embouchure de la Seine par les nombreux phares disposés sur ses bords jusqu'au Havre. L'aspect était imposant!... Puis, ces éclairs que j'apercevais de temps en temps dans le lointain me faisaient savoir que je n'étais pas seul à veiller; que d'autres chasseurs, par goût ou par métier, faisaient comme moi, une guerre traîtresse aux oiseaux de passage, ces émigrants du nord, que M. de Chateaubriand, dans sa langue poétique et harmonieuse, a appelé — histoire d'embêter, un jour, « le maître suave » — la manne des aquilons.

Courbaturé par ma position horizontale, je soulevai mon toit; je m'assis dessus, et, les pieds dans la paille, mon tartan sur les épaules, je fis la dînette. Mon repas se composait d'une modeste tranche de jambon et d'une croûte de pain rassis, le tout arrosé de quelques gouttes d'un vieux Marsala contenu dans ma fiole de chasse, qu'un compagnon malveillant, mais

surtout jaloux, avait un jour baptisé
— bien injustement, vous pouvez me
croire — le *vade-mecum* du pochard !

Après ce balthasar intime, je fumai
coup sur coup deux pipes,... deux
bonnes pipes ! Ah, les bonnes pipes !
Et puis, je rêvai !...

Eh oui, je rêvai, comme on rêve à
vingt ans (comme dans la romance),
comme on rêve quand la vie s'ouvre
devant vous facile et tout en rose !
Quel devin aurait pu prévoir que,
moins d'un an après, le rose se chan-
gerait en rouge ?

Pauvre Parisien en rupture de
boulevard, chasseur et gibier tout à
la fois, tu pourras prendre bientôt

pour devise le « garde-toi, je me garde!... » Mais n'évoquons pas aujourd'hui ces cruels souvenirs, revenons à nos canards.

Rafraîchi par la brise de mer, je rentrai dans mes appartements et ne tardai pas à m'assoupir... Tout à coup un vacarme épouvantable me tire de ma somnolence... Le diable en aurait pris les armes!... Avec fracas mes volailles affolées battaient l'eau de leurs ailes. Bourres et malard lançaient des cris de détresse, le monsieur de son trombone sourd et enroué, les dames, gent toujours plus loquace, en une bruyante fanfare de trompettes.

A cette heure, qui pouvait ainsi venir me troubler dans ma quiétude? D'un coup d'épaule je lève le couvercle du gabion, d'un bond je suis sur pied, prêt à repousser toute at-

taque, dans la position du fantassin
croisant la baïonnette. Au même instant, soulevé par une force irrésistible,
je fais demi-tour, et brutalement je
me sens remisé dans ma caisse, pendant qu'à un mètre de ma figure
passe une masse énorme... un cheval! Le cheval-fantôme? Non pas...
Un cheval en chair et en os, qui,
d'un vigoureux coup de sabot, manque de faire chavirer ma demeure
nautique.

L'émotion, je crois, fut partagée :
ma seule vengeance. Epouvanté par
l'apparition du croque-mitaine sorti en
ma personne de cette nouvelle boîte
à surprise, à travers prairies et ma-
récages, Bucéphale détale encore...

Dormir! je n'en avais plus aucune
envie. Comme une sentinelle perdue,
l'oreille aux écoutes, le doigt sur la
détente, je veillais.

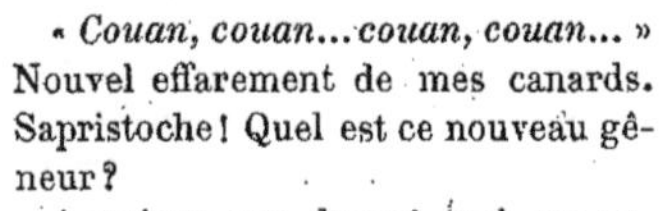

« Couan, couan... couan, couan... »
Nouvel effarement de mes canards.
Sapristoche! Quel est ce nouveau gê-
neur?

A quinze pas devant moi, un renard, éclairé en plein par la lune,
flairant mes victimes, allonge le cou...
Trente grammes de plomb nᵒ 6 à
travers la figure lui mirent, bien malgré lui, le museau dans la mare...

A qui le tour?

Je ne devais plus avoir affaire qu'à
des sarcelles, sorte de bêtes, que je
ne qualifierai pas de féroces.

Le petit jour vint enfin. Tout en
moiteur — on ne se doute pas, je le
répète, comme il fait chaud dans un

gabion rempli de paille — je soulevai
le couvercle de ma prison et repris
la position du chasseur assis.

Mongréville était déjà sur pied, en
train de remettre dans leur sac ses
« *appelants* », quand un canard vint
à passer sur ma tête, décrivant de
nombreuses courbes avec l'intention
évidente de se jeter sur la mare devant moi. Pour le tirer arrêté je
n'avais qu'à me baisser; je voulus le
tuer loyalement, au vol. Je n'en re-
viens pas encore. Mazette de mazette,
je l'enfumai de mes deux coups!

Je n'avais plus qu'à rentrer dans
mes bottes. Cette opération accom-
plie, j'allai ramasser mon gibier. Ma
chasse se composait de cinq canards
genre *pilets*, appelés *vingeons* dans
le pays, six sarcelles, un renard et
mon pied-rouge. Total: treize pièces.

Mongréville, lui, après avoir brûlé

une seule et unique cartouche (elle
lui valait deux canards) avait fait un
somme jusqu'au matin !...

Je repris la route du château.

Aucun maître ne donnait encore
signe de vie. Je gagnai ma chambre
sans bruit et me coulai dans les draps,
où je ne fus pas long à perdre connaissance.

III

TANCARVILLE

Mon ami Le Br..., tout mal en train
par suite de son bain intempestif,
était rentré au château, ai-je dit, pendant que je tentais à nouveau la fortune. Son tempérament vigoureux
l'emporta bien vite sur cette indisposition accidentelle, et, le lendemain,
je le retrouvai plus frais, plus dispos,

plus vaillant que jamais. Heureuse nature !

Pendant mon absence, Sallenel avait reçu des visiteurs. Deux vieilles connaissances du baron, gros négociants de Pont-Audemer, chasseurs fanatiques, depuis plusieurs jours couraient le pays, le fusil sur le dos, en quête de sauvagine. Les marais de la rive gauche ne leur ayant pas été favorables — comme débutant je m'en étais parfaitement contenté — ils avaient franchi la Seine à Quillebeuf. Pour rentrer au bercail et ne point revenir sur leurs pas, ils avaient jugé bon de prendre la route de Sallenel, sûrs de trouver souper confortable sur leur chemin.

Nos deux pèlerins durent raconter des merveilles... Ils avouaient modestement avoir abattu, la veille, chacun pour leur part, plus de cent

pièces de gibier, dont la moitié en bécassines !

Cinquante bécassines en un jour, quel rêve !

Leurs récits avaient extraordinairement monté l'imagination à mon vieux compagnon. Il était chauffé à blanc : cinquante bécassines ! cinquante ! Dès qu'il m'aperçut, il vint à moi, les yeux luisants, les mains tremblantes...

— Demain, nous passons l'eau, mon petit, nous passons l'eau... Tout est ordonné, préparé... Cinquante bécassines !! Je ne te dis que ça, mon bon, je ne te dis que ça ! Je connais ça, moi !

C'est par ces mots empreints d'une émotion non contenue qu'il m'aborda, en faisant claquer plusieurs fois sa langue, en homme qui a — pardonnez l'expression — la gueule absolument enfarinée.

La perspective de la journée du lendemain et les fatigues de la nuit précédente combinées m'engagèrent, après un petit tour de promenade, à regagner paisiblement ma chambre... à l'anglaise.

Le soir, après dîner, M. de N..., tourmenté par sa goutte, s'était retiré de bonne heure. A un moment donné, je me trouvai seul avec sa nièce.

Durant tout le repas, la jeune femme, soutenue du reste bien maladroitement par les insinuations moqueuses de monsieur son oncle sur mon baptême à la farine, était arrivée avec ses sourires malicieux à être on ne peut pas plus provocante. Je tins bon jusqu'à la fin et ris plus fort

qu'eux de leurs plaisanteries. Mais
maintenant que j'étais seul avec elle,
je voulus tirer vengeance de ma mé-
saventure — une idée folle !... Je
passai derrière elle... et, sans bruit,
sur le cou —, vous savez là... au-
dessous de l'oreille, à ce petit endroit
charmant, chez les femmes, où pous-
sent quelques cheveux follets — je
lui collai... un baiser !

Malgré la demi-obscurité où nous
nous trouvions, je la vis rougir, pâ-
lir... et avant que je ne fusse revenu
moi-même de mon audace, je recevais
sur la joue une de ces gifles de campagne que n'eût pas reniée une va-
chère...

Furieuse et confuse, Mme de la P...
s'était sauvée.

Pas fier, l'oreille basse, bien sot,
tout penaud, de mon côté, je pris le
chemin de mon gîte. Je passai une

nuit détestable. Je me reprochai vivement mon étourderie, dont je sup-
putais avec exagération les consé-
quences.

N'était-ce pas aussi la faute de cette
jeune folle ? N'étaient-ce pas ses
agaceries, ses coquetteries, qui m'a-
vaient fait perdre la tête ?

Sur le matin, je fus plus calme et
jugeai avec sang-froid la situation.

Après tout, c'était une bonne leçon
pour la belle ! Elevée aux champs,
en dehors de toute société, sans
aucune expérience du monde et de la
vie, elle s'était abandonnée à son caractère folâtre et badin ; et, ayant
trouvé en moi quelqu'un de son âge
— une bonne aubaine pour elle —
elle m'avait pris pour camarade, sans
songer — j'aime à croire — l'imprudente innocente, que je n'étais pas
positivement de son sexe !

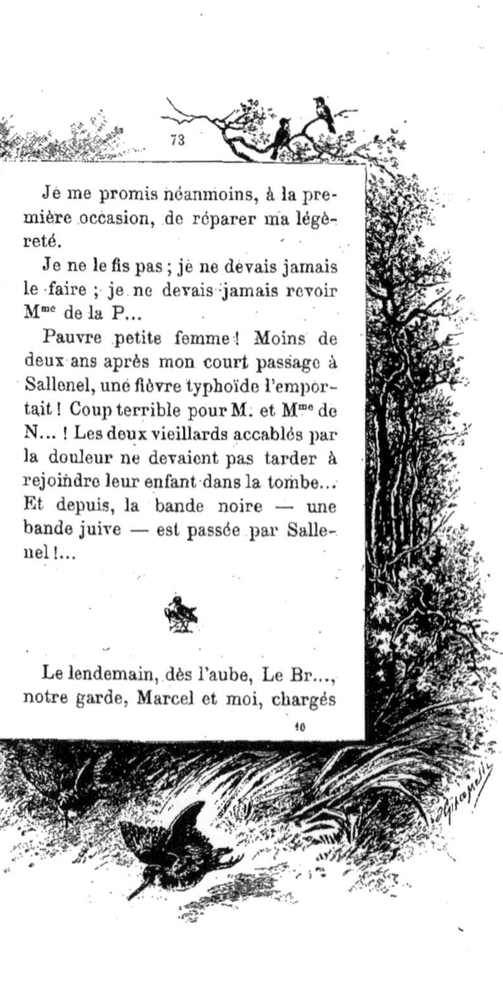

Je me promis néanmoins, à la première occasion, de réparer ma légè-
reté.

Je ne le fis pas ; je ne devais jamais
le faire ; je ne devais jamais revoir
Mme de la P...

Pauvre petite femme ! Moins de
deux ans après mon court passage à
Sallenel, une fièvre typhoïde l'empor-
tait ! Coup terrible pour M. et Mme de
N... ! Les deux vieillards accablés par
la douleur ne devaient pas tarder à
rejoindre leur enfant dans la tombe...
Et depuis, la bande noire — une
bande juive — est passée par Sallenel !...

Le lendemain, dès l'aube, Le Br...,
notre garde, Marcel et moi, chargés

commé trois « bourris », nous faisions
route dans la direction de la Pointe
de la Rocques.

Je vous ai dépeint le versant nord,
la vallée de la Risle, et le versant
sud, le marais Vernier, de cette
espèce de cap. Nous en gagnions
l'extrême pointe.

Au bout d'une heure de marche —
il n'y a pas de chemin praticable pour
les voitures sur cette sorte d'arête —
le plateau que nous traversions, large
à Sallenel de deux kilomètres, s'était
complètement rétréci et n'offrait maintenant qu'une plate-forme de vingt
mètres de diamètre à peine. Il n'y
avait plus devant nous qu'un chaos
de rochers sur une pente abrupte, où
un sentier contournant la montagne
conduisait à une sorte de plage ma-
récageuse et déserte. Avant de nous
y engager, je voulus jouir quelques

instants du panorama merveilleux que j'avais sous les yeux.

Je voyais, encore une fois, à ma gauche le cours de la Risle, depuis Pont-Audemer jusqu'à son embouchure..., la mer, le Havre... ; à ma droite, l'immensité du marais Vernier, avec ses myriades de bestiaux ; devant moi, à mes pieds, pour ainsi dire, la Seine enfermée dans une digue de rochers ; au-dessus, une vaste étendue de terrain, mélange de sable, d'eau et d'herbe... ; puis, comme cadre à ce nouveau désert, une suite de coteaux formant la rive droite du fleuve ; et, juste en face de nous, abrité du nord par un vallon, qui ne nous semblait qu'un pli de terrain, un hameau servant comme de piédestal à un vieux château en ruines, dont le nom, sans effort, me revint à la mémoire, le vieux château de Tancarville, séjour

préféré du conquérant de l'Angle-
terre, de Guillaume de Normandie !

Après quelques minutes d'extase et
de repos, nous descendîmes la montagne.

Au bas, se trouvait une masure,
dont le toit délabré semblait encore
devoir être effondré, à la première
tempête, par une roche le surplombant à la façon d'une épée de Damo-
clès.

Nous poussâmes la porte entr'ou-
verte, d'où s'échappait un flot de
fumée. Au fond de la pièce, à genoux
devant l'âtre, se tenait une femme,
au teint pâle et maladif, en train de
faire flamber une bourrée d'ajonc et

de bruyère. Autour d'elle, comme heureux de réchauffer leurs membres chétifs, grouillaient un essaim de pauvres petits êtres tremblotant la fièvre.

A nos costumes, à nos armes, la mère avait compris tout de suite ce dont il s'agissait; aussi, s'étant relevée, elle appela son *homme*, de retour de la pêche depuis peu, et qui reposait sur le lit dans la seconde pièce de la misérable demeure.

Malgré la fatigue, il ne fut pas long à être à notre disposition, trop heureux de pouvoir remplir son métier de *passeur*, qui, sans quelques intrépides comme nous, au moment des émigrations de la sauvagine, eût été une sinécure.

Après être descendus encore de quelques mètres, nous nous trouvâmes en plein marais.

Notre guide ayant pris les devants nous conduisit par une espèce de banquette — son œuvre, sans doute — à peine large pour deux personnes de front, jusqu'à la digue, travail gigantesque, exécuté depuis peu d'années seulement, qui, reculant la mer de plusieurs kilomètres, enrichit les riverains et l'Etat.

Une fois arrivés devant cet amoncellement de roches formant la rive gauche de la Seine, nous vîmes dans ce rempart une brèche, causée probablement par quelque tempête équinoxiale, et les roches qui le composaient rejetées en arrière dans le marécage. C'est dans cette anse de hasard que nous trouvâmes la barque de notre pêcheur.

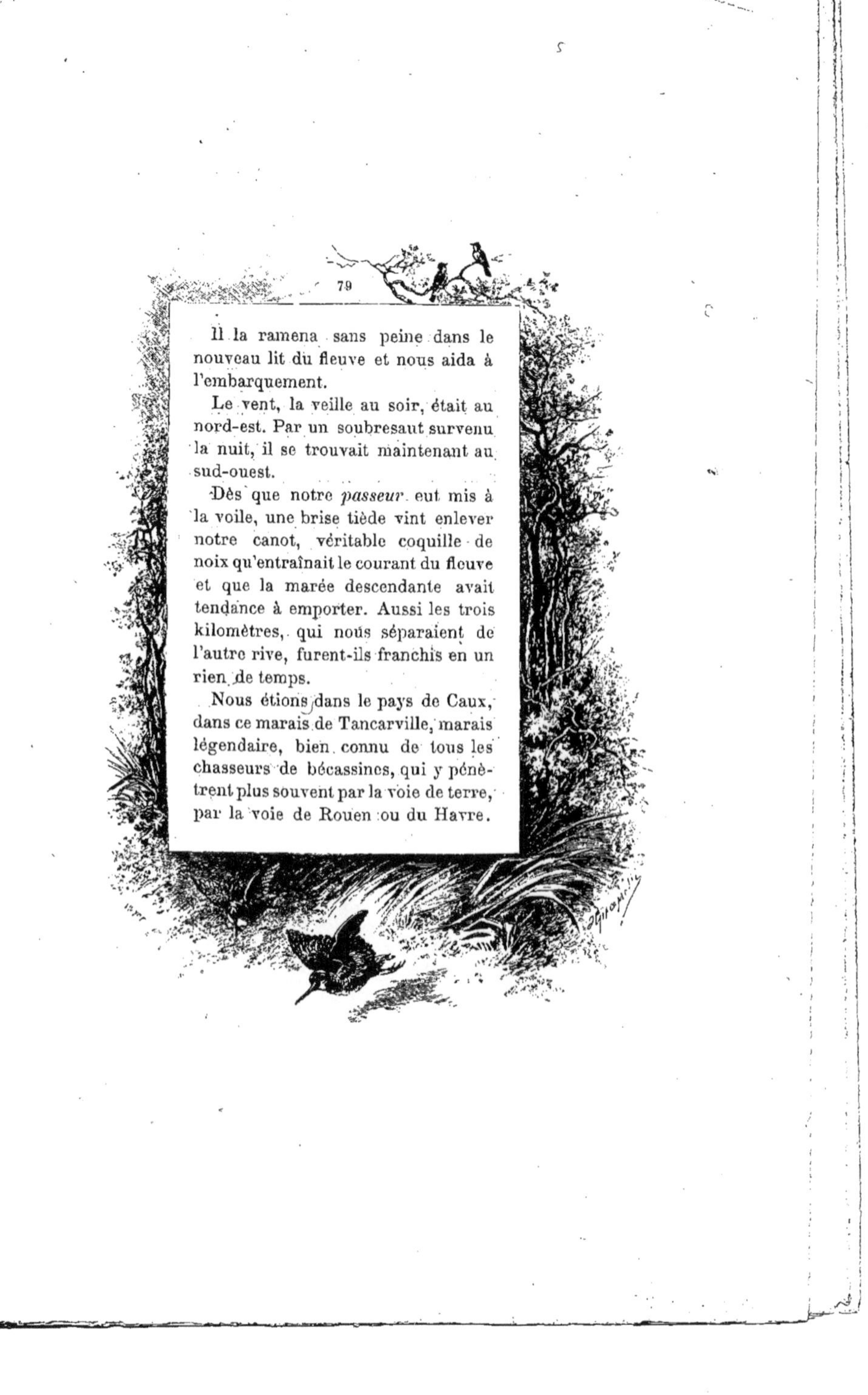

Il la ramena sans peine dans le nouveau lit du fleuve et nous aida à l'embarquement.

Le vent, la veille au soir, était au nord-est. Par un soubresaut survenu la nuit, il se trouvait maintenant au sud-ouest.

Dès que notre *passeur* eut mis à la voile, une brise tiède vint enlever notre canot, véritable coquille de noix qu'entraînait le courant du fleuve et que la marée descendante avait tendance à emporter. Aussi les trois kilomètres, qui nous séparaient de l'autre rive, furent-ils franchis en un rien de temps.

Nous étions dans le pays de Caux, dans ce marais de Tancarville, marais légendaire, bien connu de tous les chasseurs de bécassines, qui y pénètrent plus souvent par la voie de terre, par la voie de Rouen ou du Havre.

Une fois que notre batelier nous eut débarqués, il nous renouvela les recommandations faites durant le trajet : il fallait nous trouver à quatre heures, au plus tard, à l'endroit où nous venions de prendre terre, autrement nous pourrions courir de grands dangers.

Une bouée fut notre principal point de repaire.

Mes fatigues des journées précédentes, mes émotions de la soirée et de la nuit m'avaient retiré mon entrain habituel, et c'est très mollement que je me mis en chasse. Le Br..., depuis un quart d'heure qu'il était en action, avait déjà tué une couple de bécassines L'ardeur communicative de mon com-

Une fois que notre batelier nous eut débarqués, il nous renouvela ses recommandations faites durant le trajet : il fallait nous trouver à quatre heures, au plus tard, à l'endroit où nous venions de prendre terre, autrement nous pourrions courir de grands dangers.

Une bouée fut notre principal point de repaire.

Mes fatigues des journées précédentes, mes émotions de la soirée et de la nuit n'avaient pas mon entrain habituel, et c'est faiblement que je me mis en chasse. Et Dog, depuis un quart d'heure déjà en action, avait déjà fait une couple de dessins. L'ardeur communicative de mon com-

pagnon m'entraîna à la fin, et, étant
tombé sur un flot d'émigrants, je dé-
butai par un coup double sur notre
gibier de prédilection.

Lorsque l'heure du déjeuner eut
sonné dans nos estomacs, nos montres
« faisaient » midi.

Un gabion, trouvé là fort à propos,
nous servit de table et de siège. Nous
étalâmes d'un côté nos provisions de
bouche et de l'autre nos victimes.
Une quarantaine de pièces, réparties
à peu près également entre nous
deux, formaient déjà un joli tableau !
Le garde, porteur de nos vivres, de
nos manteaux et d'un supplément de
cent cartouches, n'avait pas pris de
fusil, mais le malin avait tué néanmoins son lièvre au gîte d'un coup
de bâton !

Bien qu'au vingt octobre, on jouissait d'une température de printemps.

Aussi ne nous pressions-nous pas à
lever la séance, ayant du reste plus
de quatre heures de marche et plus
de trois heures de chasse déjà dans
les jambes !

Dès notre arrivée à la pointe de la
Rocques, nous avions remarqué quelques bandes d'oies sauvages, mais à
une très grande hauteur. Depuis que
nous étions arrêtés, ces bandes sem-
blaient passer en plus grand nombre.

La brise du matin était complètement tombée ; autour de nous régnait
le plus grand calme ; seul le cri stri-
dent et monotone de ces voyageurs
aériens rompait le silence de cette
immense solitude.

Malgré la gaieté de mon compagnon, j'étais envahi par une tristesse
indéfinissable, et mes regards tour-
nés vers la mer cherchaient à découvrir plus loin que l'horizon... Quel

vague pressentiment m'oppressait donc ainsi?

Une bande d'oies plus longue que toutes celles que j'avais remarquées jusque-là détourna ma vue, et je me mis à la suivre des yeux. Pour cela je dus me retourner, et, faisant face au marais Vernier, je pus distinguer dans la direction de la Grand'Mare un amoncellement de nuages, signe précurseur de quelque orage.

— La matinée a été trop chaude pour que la journée se passe sans eau, vint à dire Marcel qui avait suivi mon regard et ma pensée.

— Alors, il n'est que temps de nous remettre en campagne, si nous voulons damer le pion aux amateurs d'hier. Voyons, un peu de courage, mon bon! Crois-tu que les bécassines vont d'elles-mêmes entrer dans ton sac, si tu restes ainsi « affalé » sur

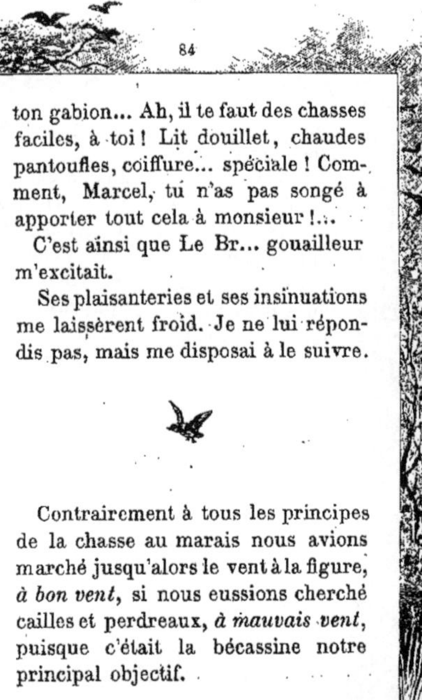

ton gabion... Ah, il te faut des chasses faciles, à toi ! Lit douillet, chaudes pantoufles, coiffure... spéciale ! Comment, Marcel, tu n'as pas songé à apporter tout cela à monsieur !...

C'est ainsi que Le Br... gouailleur m'excitait.

Ses plaisanteries et ses insinuations me laissèrent froid. Je ne lui répondis pas, mais me disposai à le suivre.

Contrairement à tous les principes de la chasse au marais nous avions marché jusqu'alors le vent à la figure, *à bon vent,* si nous eussions cherché cailles et perdreaux, *à mauvais vent,* puisque c'était la bécassine notre principal objectif.

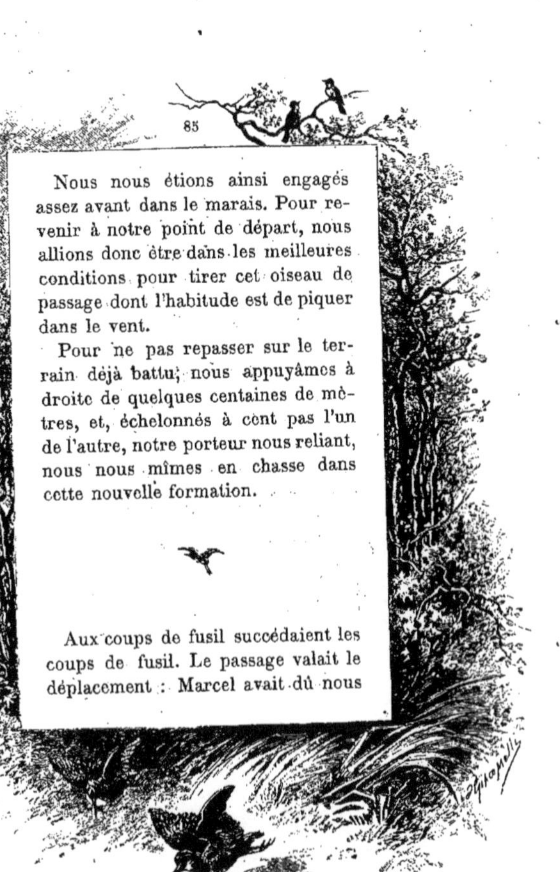

Nous nous étions ainsi engagés assez avant dans le marais. Pour revenir à notre point de départ, nous allions donc être dans les meilleures conditions pour tirer cet oiseau de passage dont l'habitude est de piquer dans le vent.

Pour ne pas repasser sur le terrain déjà battu, nous appuyâmes à droite de quelques centaines de mètres, et, échelonnés à cent pas l'un de l'autre, notre porteur nous reliant, nous nous mîmes en chasse dans cette nouvelle formation.

Aux coups de fusil succédaient les coups de fusil. Le passage valait le déplacement : Marcel avait dû nous

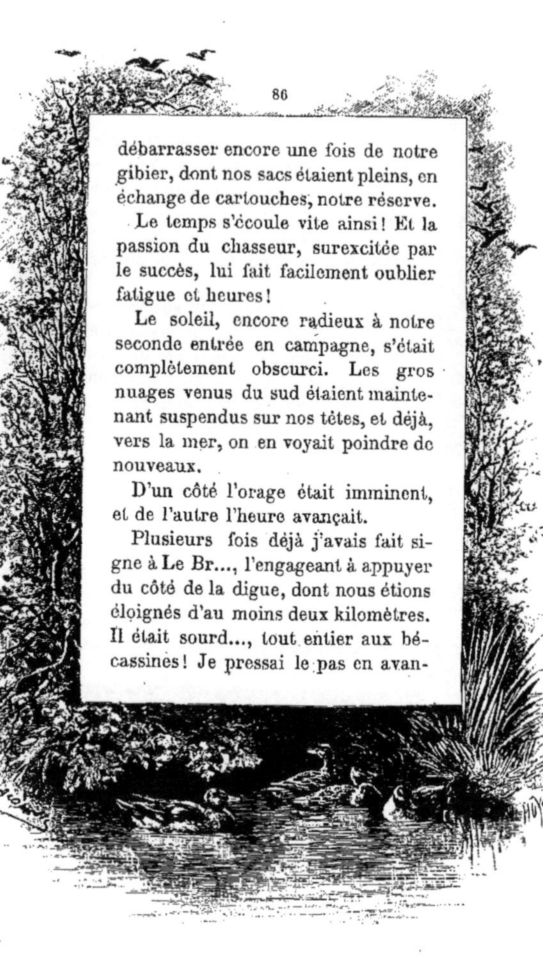

débarrasser encore une fois de notre gibier, dont nos sacs étaient pleins, en échange de cartouches, notre réserve.

Le temps s'écoule vite ainsi! Et la passion du chasseur, surexcitée par le succès, lui fait facilement oublier fatigue et heures!

Le soleil, encore radieux à notre seconde entrée en campagne, s'était complètement obscurci. Les gros nuages venus du sud étaient maintenant suspendus sur nos têtes, et déjà, vers la mer, on en voyait poindre de nouveaux.

D'un côté l'orage était imminent, et de l'autre l'heure avançait.

Plusieurs fois déjà j'avais fait signe à Le Br..., l'engageant à appuyer du côté de la digue, dont nous étions éloignés d'au moins deux kilomètres. Il était sourd..., tout entier aux bécassines! Je pressai le pas en avan-

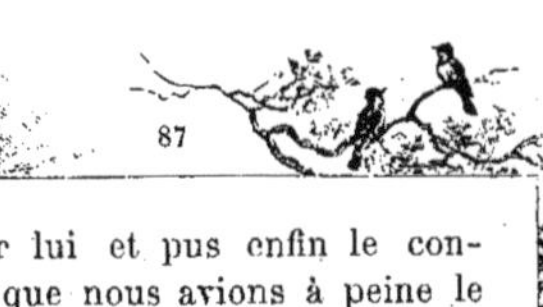

çant sur lui et pus enfin le con-
vaincre que nous avions à peine le
temps de regagner notre rendez-
vous.

Nous entendions déjà le bruisse-
ment lointain de la marée montante...
Quoiqu'il ne fût que trois heures,
le ciel prenait des teintes sombres,
comme aux approches de la nuit. Un
faible rayon de soleil perçant quelque nuage violacé, pendant de courts
instants, éclairait d'un jour blafard
et sinistre l'immense solitude des
marais.

Les bécassines ne *tenaient* plus, et,
réunies en bandes, elles passaient
au-dessus de nous, emportées malgré
elles par le vent.

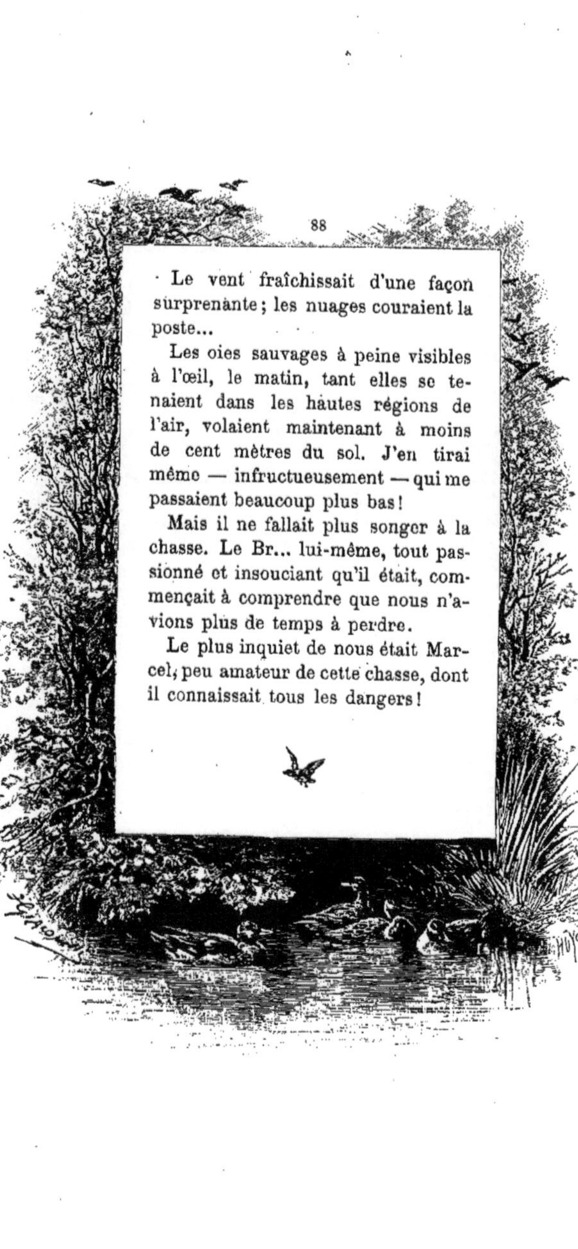

Le vent fraîchissait d'une façon surprenante ; les nuages couraient la poste...

Les oies sauvages à peine visibles à l'œil, le matin, tant elles se tenaient dans les hautes régions de l'air, volaient maintenant à moins de cent mètres du sol. J'en tirai même — infructueusement — qui me passaient beaucoup plus bas !

Mais il ne fallait plus songer à la chasse. Le Br... lui-même, tout passionné et insouciant qu'il était, commençait à comprendre que nous n'avions plus de temps à perdre.

Le plus inquiet de nous était Marcel, peu amateur de cette chasse, dont il connaissait tous les dangers !

Pour la seconde fois arpentant les
marais, j'avais déjà vu de nombreuses
« criques » : toujours avec prudence
je les avais évitées.

Un pli à mon bas me tourmentait
depuis plus d'une heure : n'y tenant
plus, je m'arrêtai et je me débottai.
Pendant cette opération mes compagnons avaient gagné du terrain.
Pour les rattraper je voulus couper
au court. Une de ces *criques*, large
d'un mètre cinquante à peine, me
barrait le chemin. Je tentai de l'en-
jamber... Fâcheuse inspiration! Je
manquai mon coup et restai prison-
nier sur cette fange gluante. Il n'est
pas d'effort au monde qui eût pu me
faire avancer d'un centimètre : cette
chienne de *crique*, cette pieuvre plutôt, né voulait pas lâcher sa proie...
Me sentant enfoncer dans ce sable
mouvant, j'appelai à l'aide de toute

la force de mes poumons et me jetai à plat ventre...

Marcel, le premier, avait compris ma situation critique. Il bondit à mon secours et parvint péniblement à m'arracher à la *crique* traîtresse.

Le danger que je venais de courir, mon état pitoyable me préoccupaient peu, tant j'avais hâte d'arriver à la digue...

Mon accident nous avait fait perdre un grand quart d'heure !

Les minutes étaient précieuses... La tempête était déchaînée... Plus nous approchions de la digue, plus nous entendions le mugissement sinistre de la mer houleuse. Déjà

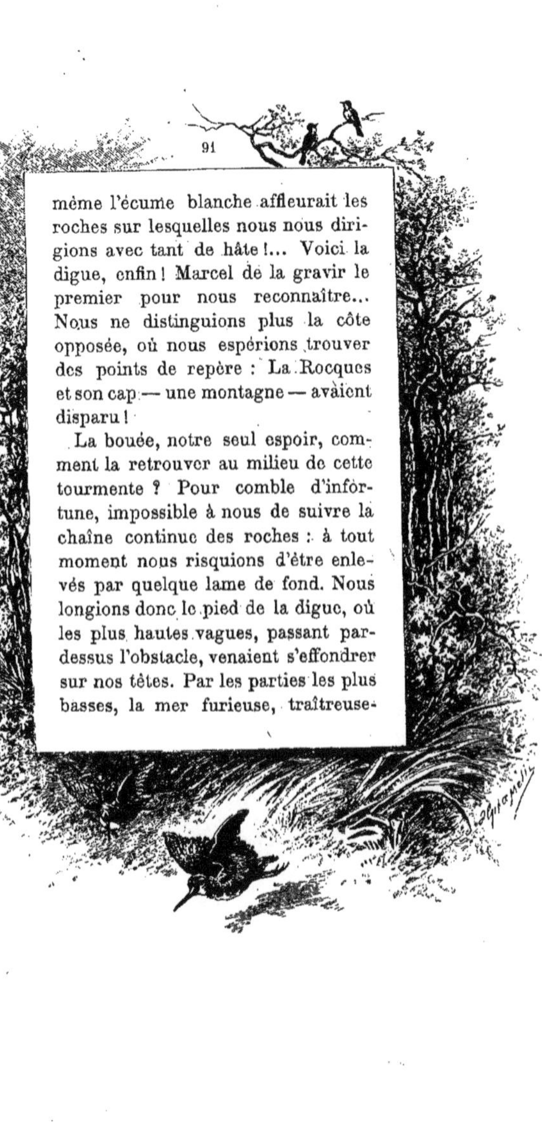

même l'écume blanche affleurait les roches sur lesquelles nous nous dirigions avec tant de hâte !... Voici la digue, enfin ! Marcel de la gravir le premier pour nous reconnaître... Nous ne distinguions plus la côte opposée, où nous espérions trouver des points de repère : La Rocques et son cap — une montagne — avàient disparu !

La bouée, notre seul espoir, comment la retrouver au milieu de cette tourmente ? Pour comble d'infortune, impossible à nous de suivre la chaîne continue des roches : à tout moment nous risquions d'être enlevés par quelque lame de fond. Nous longions donc le pied de la digue, où les plus hautes vagues, passant pardessus l'obstacle, venaient s'effondrer sur nos têtes. Par les parties les plus basses, la mer furieuse, traîtreuse-

ment, commençait déjà à faire irruption dans le marais!...

Retourner sur nos pas, gagner
dans la côte le village de Tancarville,
il ne fallait pas y songer : avant un
quart d'heure la mer envahissante
allait couvrir l'espace qui nous en
séparait !

Aurions-nous dépassé le point de
notre débarquement? Cette même
pensée vint nous assiéger tous les
trois en même temps.

Tous les trois à nouveau d'esca-
lader la digue, et, sur un point cul-
minant, debout, nous tenant par la
main, nous cherchions avec angoisse
la barque, notre seul espoir, quand
nous aperçûmes, à vingt mètres devant nous, notre malheureux « passeur » ruisselant d'eau, blanc comme
un linge, nous faisant des signes dé-
sespérés et cherchant à maintenir

sa barque le plus près de la digue
dans une anse semblable à celle du
matin.

Sans dire mot, nous jetâmes nos
chiens dans le canot, à un moment
où la vague l'amenait à notre hauteur ; puis, nous-mêmes attendant
l'instant propice, les uns après les
autres, nous sautâmes dans l'embarcation.

Jusqu'alors nous n'avions eu que
l'appréhension du danger. Maintenant nous étions en face du danger
lui-même.

A peine un coup d'aviron nous eut
chassés de ce port de refuge, qu'une
vague immense nous enleva pour
nous jeter dans l'inconnu.

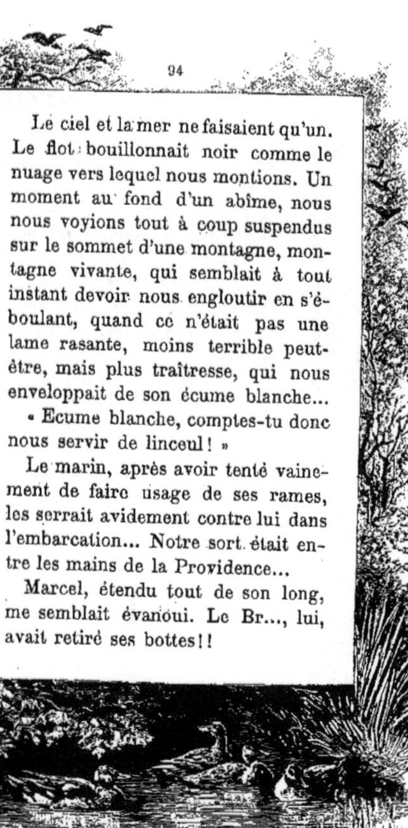

Le ciel et la mer ne faisaient qu'un.
Le flot bouillonnait noir comme le
nuage vers lequel nous montions. Un
moment au fond d'un abîme, nous
nous voyions tout à coup suspendus
sur le sommet d'une montagne, montagne vivante, qui semblait à tout
instant devoir nous engloutir en s'é-
boulant, quand ce n'était pas une
lame rasante, moins terrible peut-
être, mais plus traîtresse, qui nous
enveloppait de son écume blanche...

« Écume blanche, comptes-tu donc
nous servir de linceul ! »

Le marin, après avoir tenté vaine-
ment de faire usage de ses rames,
les serrait avidement contre lui dans
l'embarcation... Notre sort était entre les mains de la Providence...

Marcel, étendu tout de son long,
me semblait évanoui. Le Br..., lui,
avait retiré ses bottes !!

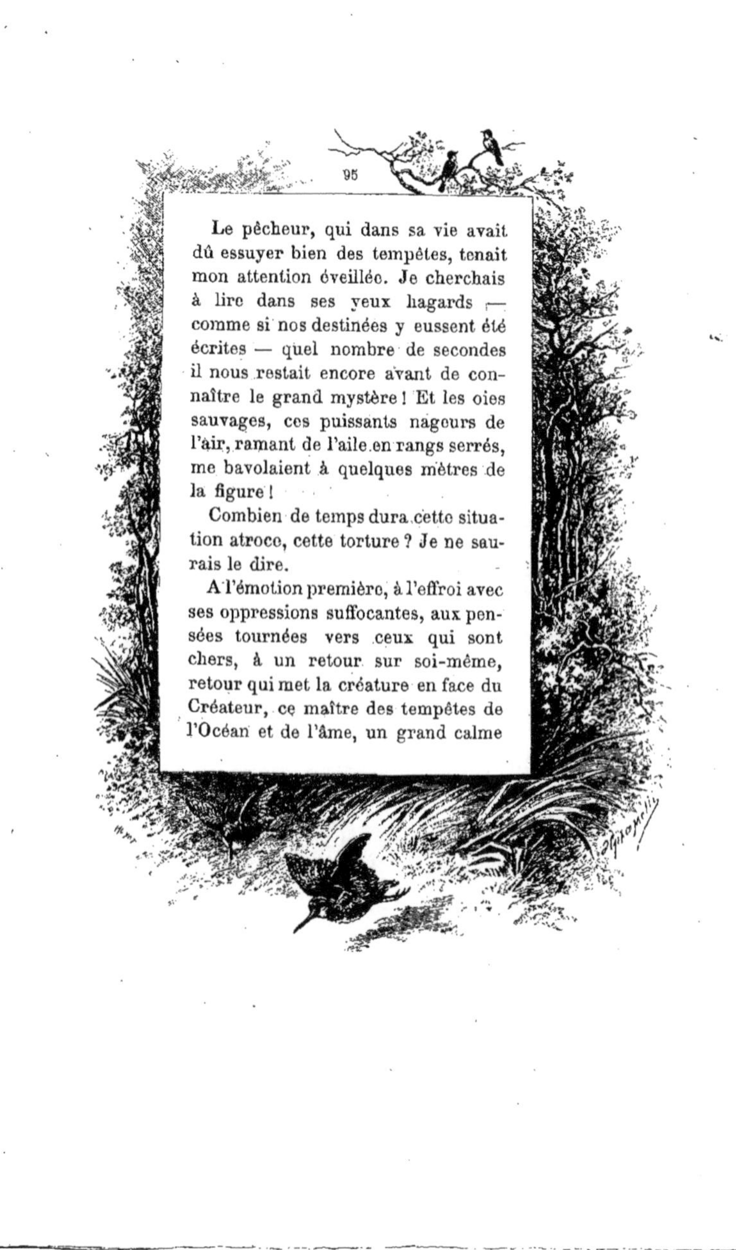

Le pêcheur, qui dans sa vie avait dû essuyer bien des tempêtes, tenait mon attention éveillée. Je cherchais à lire dans ses yeux hagards — comme si nos destinées y eussent été écrites — quel nombre de secondes il nous restait encore avant de connaître le grand mystère ! Et les oies sauvages, ces puissants nageurs de l'air, ramant de l'aile en rangs serrés, me bavolaient à quelques mètres de la figure !

Combien de temps dura cette situation atroce, cette torture ? Je ne saurais le dire.

A l'émotion première, à l'effroi avec ses oppressions suffocantes, aux pensées tournées vers ceux qui sont chers, à un retour sur soi-même, retour qui met la créature en face du Créateur, ce maître des tempêtes de l'Océan et de l'âme, un grand calme

avait succédé en moi. Sans m'en
rendre compte, la torpeur était passée, le raisonnement revenu : j'étais
prêt à tout!...

Les yeux maintenant à demi clos,
je me sentais mollement bercé par la
vague ondulante, et, sans crainte,
oserais-je dire, je rêvais peut-être de
l'Eternité, quand une légère secousse
suivie d'un sourd craquement se fit
dans la barque...

« Bouchez le trou! » de s'écrier le
marin, qui saisissant impétueusement
ses rames se mit à en jouer avec
furie !

Devant moi je vis aussitôt l'eau
jaillir dans la barque par une fissure
plutôt ronde que longue. Je me jetai
à plat ventre ; et, avec mon mouchoir, avec celui que me passait Le
Br..., tout ce que je pus trouver d'é-
toffe sous la main, un instant je con-

tins l'eau, qui faisait irruption sous
nos pieds.

Comme par enchantement, la mer
était redevenue calme...

A force de rames nous nous écar-
tions du courant terrible, qui nous
avait emportés jusque-là. Le Br...
m'aidait à maintenir mes linges dans
la fente de la barque. Néanmoins
l'eau y pénétrait de plus en plus
abondamment, et le moment appro-
chait où nous allions couler, quand
alourdie, malgré tous les efforts du
rameur, la barque s'arrêta court.

Nous touchions le fond.

Je comprenais maintenant : nous
avions franchi la digue; le canot,
ayant porté sur une pointe aiguë de

rocher, s'était ouvert; nous étions dans un marais submergé.

Tout danger me semblant évanoui, en moi-même je rendis grâce au Ciel !

Il faisait encore petit jour. Je regardai à ma montre : elle marquait six heures. Le « passeur » s'orienta et reconnut que nous étions dans le marais Vernier. A cent mètres de nous environ, il nous fit voir un point légèrement hors de l'eau : c'était une longue banquette, à laquelle il fallait parvenir.

La barque avait complètement coulé : nous dûmes nous mettre à l'eau.

Après avoir chargé sur nos épaules sacs et fusils, nous eûmes toutes

les peines du monde à entraîner le malheureux Marcel, qui restait là comme hébété dans l'eau. Le pauvre garçon, atteint depuis quelques années d'une maladie de cœur, ne devait pas supporter cette dernière émotion : moins de quinze jours après cette fâcheuse campagne, on le portait en terre !

Nos chiens, non plus, ne voulaient pas quitter le bateau... Enfin, nous ayant vu nous éloigner, ils se jetèrent à la nage et gagnèrent avant nous la terre ferme.

Le Br... n'eut qu'à remettre ses bottes qu'il portait sur le dos. Quant à moi, je dus retirer, un instant, les miennes pour les vider et tordre mes bas.

Le « passeur » estimait que nous étions à dix kilomètres environ de notre gîte.

Nous nous mîmes en route, lui, en avant, nous servant de guide dans ce marais, où tout autre n'aurait pas fait cent pas sans tomber dans quelque *crique.* Deux heures de marche nous amenèrent au pied de la côte, complètement hors de danger maintenant. Il nous indiqua notre chemin pour regagner Sallenel, dont nous étions à trois kilomètres à peine, tandis qu'il allait, lui, retrouver sa cabane en nous tournant le dos.

Le Br... et moi, sans nous consulter, lui donnâmes ce que nous avions d'argent dans nos poches, et, sans autres explications, lui serrâmes la main en silence.

Il était neuf heures lorsque nous arrivâmes chez M. de N...

Depuis notre départ une crise de goutte épouvantable retenait sur le flanc notre excellent hôte. Sa femme et sa nièce le veillaient.

On nous servit un dîner pour la forme ; nous avions hâte de trouver notre lit. Brisé de fatigue et d'émotion, je m'endormis.

Le lendemain matin, à la première heure, la voiture qui, quatre jours auparavant, nous avait amenés à Sallenel, nous reconduisait à la gare de Pont-Audemer.

A Serquigny, Le Br... et moi nous nous séparâmes.

A cinq heures j'étais à Paris et,
le soir même, sous le frac, « je bu-
vais du lait », comme on disait à
l'époque, en écoutant pour la ving-
tième fois les couplets d'Oreste à
Calchas :

> Au cabaret du labyrinthe,
> Cette nuit, j'ai soupé, mon vieux,
> Avec ces dames de Corintho,
> Tout ce que la Grèce a de mieux!...
> C'est Parthénis... . . . . .

TABLE

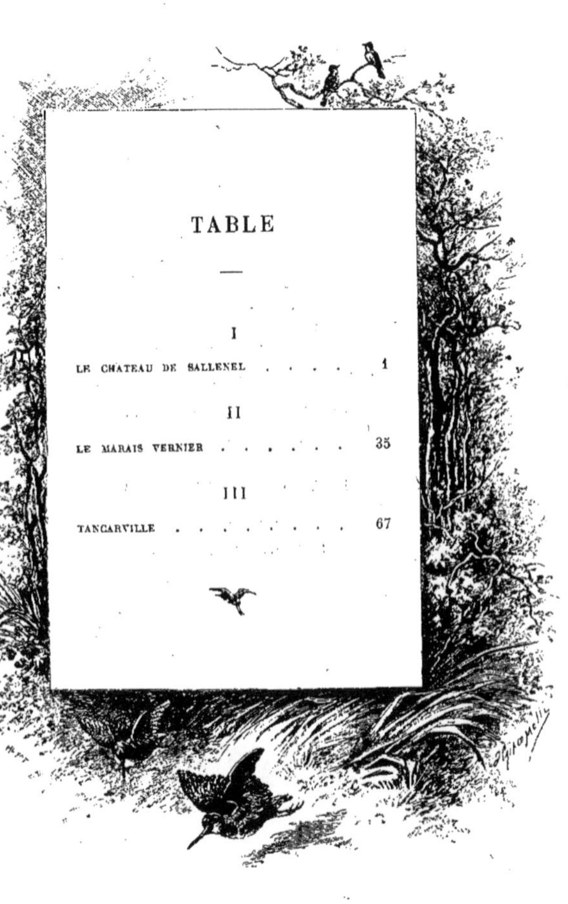

LES
EAUX-FORTES DE A. LALAUZE
ONT ÉTÉ TIRÉES
PAR WITTMANN
ET LES
COMPOSITIONS DE H. GIACOMELLI
ONT ÉTÉ GRAVÉES SUR BOIS
PAR J. HUYOT
LE TEXTE ET LES BOIS
ONT ÉTÉ IMPRIMÉS
PAR CH. HÉRISSEY

LA LIBRAIRIE HACHETTE
ÉDITÉ
DU MÊME AUTEUR
CHASSE
UNE OUVERTURE DE CHASSE
EN NORMANDIE